Excellenzcluster
Cognitive Interaction Technology
Kognitronik und Sensorik
Prof. Dr.-Ing. U. Rückert

Kompatibilitätsverfahren
für Profinet-Hardware
mit Ethernet Time Sensitive Networks

zur Erlangung des akademischen Grades eines

DOKTOR-INGENIEUR (Dr.-Ing.)

der Technischen Fakultät
der Universität Bielefeld

angenommene
Dissertation

von

M.Sc. Sebastian Schriegel

1. Gutachter: Prof. Dr.-Ing. Ulrich Rückert
2. Gutachter: Prof. Dr.-Ing. Jürgen Jasperneite
3. Gutachter: Ao. Univ. Prof. Dr. Wolfgang Kastner

Technologien für die intelligente Automation

Technologies for Intelligent Automation

Band 16

Reihe herausgegeben von
inIT - Institut für industrielle Informationstechnik, Lemgo, Deutschland

Ziel der Buchreihe ist die Publikation neuer Ansätze in der Automation auf wissenschaftlichem Niveau, Themen, die heute und in Zukunft entscheidend sind, für die deutsche und internationale Industrie und Forschung. Initiativen wie Industrie 4.0, Industrial Internet oder Cyber-physical Systems machen dies deutlich. Die Anwendbarkeit und der industrielle Nutzen als durchgehendes Leitmotiv der Veröffentlichungen stehen dabei im Vordergrund. Durch diese Verankerung in der Praxis wird sowohl die Verständlichkeit als auch die Relevanz der Beiträge für die Industrie und für die angewandte Forschung gesichert. Diese Buchreihe möchte Lesern eine Orientierung für die neuen Technologien und deren Anwendungen geben und so zur erfolgreichen Umsetzung der Initiativen beitragen.

Weitere Bände in der Reihe https://link.springer.com/bookseries/13886

Sebastian Schriegel

Kompatibilitätsverfahren für Profinet-Hardware mit Ethernet Time Sensitive Networks

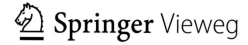

Sebastian Schriegel
Steinheim, Deutschland

Dissertation: Technische Fakultät der Universität Bielefeld, 2021

ISSN 2522-8579   ISSN 2522-8587   (electronic)
Technologien für die intelligente Automation
ISBN 978-3-662-64741-7   ISBN 978-3-662-64742-4   (eBook)
https://doi.org/10.1007/978-3-662-64742-4

Planung/Lektorat: Alexander Grün
Springer Vieweg ist ein Imprint der eingetragenen Gesellschaft Springer-Verlag GmbH, DE und ist ein Teil von
Springer Nature.
Die Anschrift der Gesellschaft ist: Heidelberger Platz 3, 14197 Berlin, Germany

Kurzfassung

Industrie 4.0 beschreibt eine vernetzte Produktion mit dem Ziel, individuelle Produkte zu den Kosten von Massenwaren zu fertigen und datengetriebene Dienste zur Prozessoptimierung und Wertschöpfung zu nutzen. Dafür ist eine von der Feldebene bis in das Internet durchgängige Vernetzung erforderlich, die einfach rekonfiguriert werden kann. Unter der Bezeichnung Ethernet Time Sensitive Networks (TSN) definiert die IEEE grundsätzliche Funktionen für die Ethernet-basierte Echtzeitkommunikation, die einen zentralen Beitrag zur Erfüllung dieser Anforderungen leisten können.

Die Informations- und Kommunikationstechnik wird durch kleinere Chip-Fertigungsstrukturen grundsätzlich immer leistungsfähiger und günstiger. Die Einführung einer neuen Netzwerktechnik in die Feldebene der industriellen Produktion stellt aber eine besondere Herausforderung dar, da neben Netzwerkfunktionen eine echtzeitfähige Implementierung von Protokollen und spezifischen Anwendungen in die Feldgeräte erforderlich ist. Damit kann Ethernet-Standardhardware häufig nicht eingesetzt werden und die Entwicklung ist sehr aufwändig. Bei häufig geringen Stückzahlen der anwendungsspezifischen Geräte ist dies wirtschaftlich nicht tragbar. Insbesondere Feldgeräte können daher mit den aktuellen Chiptechnologien durch die stetige Einführung neuer Hardwaregenerationen nicht Schritt halten. Für das Echtzeit-Ethernet-System PROFINET beträgt z. B. die Anzahl der installierten Geräte, die TSN nicht unterstützen und damit nicht über die geforderten Funktionen verfügen, im Jahr 2019 32,4 Millionen Stück.

Migrationsstrategien kommen daher eine entsprechend große Bedeutung zu. Die bislang vorgeschlagenen Migrationsstrategien für bestehende Feldgeräte sehen eine Kopplung der Geräte mit Ethernet TSN-Netzwerken vor. Dabei kann aber nur ein Teil von Netzwerkfunktionen oder Leistungsmerkmalen (Quality of Service) kompatibel genutzt werden. Bestehende PROFINET-Feldgeräte lassen sich zum Beispiel mit Ethernet TSN-Netzwerken nicht synchronisieren, und eine latenzarme, zeitgesteuerte Kommunikation (Scheduled Traffic) ist nicht möglich. Da die PROFINET-Feldgeräte nur an TSN-Domänen angeschlossen werden und nicht innerhalb derselben genutzt werden können, kann auch die Topologie nur eingeschränkt gewählt werden.

Daraus ergibt sich die Forschungsfrage dieser Arbeit: *Wie können bestehende PROFINET-Geräte mit den geforderten Funktions- und Leistungsmerkmalen kompatibel mit Ethernet TSN-Netzwerken genutzt werden?*

Als kritische Inkompatibilitäten zwischen PROFINET-Hardware und Ethernet TSN wurde neben zu kleinen Adresstabellen und der notwendigen Synchronisationsgenauigkeit insbesondere die Behandlung von VLAN-Tags in Verbindung mit zeitgesteuerter Kommunikation identifiziert. Es wurden Kompatibilitätsverfahren entwickelt, die diese Inkompatibilitäten kompensieren und für PROFINET-Hardware mit zwei 100 MBit/s-Ports eingesetzt werden können. Das zentrale Kompatibilitätsverfahren ist der Ethernet TSN-kompatible Bridging-Modus Time Aware Forwarding (TAF), der zeitgesteuerte Kommunikation auf der Basis der Empfangszeit zeitrichtig weiterleitet. Mit dem Verfahren wird die Integration von bestehenden PROFINET-Geräten in TSN-Netzwerke gegenüber dem Stand der Technik verbessert: Eine synchronisierte Kommunikation mit einem Jitter kleiner als 1 µs und einer garantierten Latenzzeit von 3 µs je Bridge ist nun möglich. Die Topologie inklusive der Position der bestehenden Geräte in der TSN-Topologie kann frei gewählt werden.

Eigene Beiträge mit Bezug zur Arbeit

[S14-1]   Schriegel, Sebastian; Wisniewski, Lukasz: Investigation in Automatic Determination of Time Synchronization Accuracy of PTP Networks with the Objective of Plug-and-Work. In: International IEEE Symposium on Precision Clock Synchronization for Measurement, Control and Communication (ISPCS), Austin, Texas, USA, 2014.

[S15]   Schriegel, Sebastian; Biendarra, Alexander; Ronen, Opher; Flatt, Holger; Leßmann, Gunnar; Jasperneite, Jürgen: Automatic Determination of Synchronization Path Quality using PTP Bridges with Integrated Inaccuracy Estimation for System Configuration and Monitoring. In: International IEEE Symposium on Precision Clock Synchronization for Measurement, Control and Communication (ISPCS), Beijing, China, 2015.

[S17]   Schriegel, Sebastian; Pieper, Carsten, Biendarra, Alexander; Jasperneite, Jürgen: Vereinfachtes Ethernet TSN-Implementierungsmodell für Feldgeräte mit zwei Ports. In: Jahreskolloquium Kommunikation in der Automation Lemgo (KommA), Magdeburg, November 2017.

[S18-1]   Schriegel, Sebastian; Biendarra, Alexander; Kobzan, Thomas; Leurs, Ludwig; Jasperneite, Jürgen: Ethernet TSN Nano Profil – Migrationshelfer vom industriellen Brownfield zum Ethernet TSN-basierten IIoT. In: Jahreskolloquium Kommunikation in der Automation Lemgo (KommA), Lemgo, November 2018.

[S18-2]   Schriegel, Sebastian; Kobzan, Thomas; Jasperneite, Jürgen: Investigation on a Distributed SDN Control Plane Architecture for Heterogeneous Time Sensitive Networks. In: 14th IEEE International Workshop on Factory Communication Systems (WFCS), Imperia, Italy, Juni 2018.

[PNGS19]   Schriegel, Sebastian, Pethig, Florian: Guideline PROFINET over TSN Scheduling, Profibus International, Karlsruhe, November 2019.

[PNG20]   Schriegel, Sebastian, Biendarra, Alexander; Friesen, Andrej: Guideline PROFINET over TSN V1.21, Profibus International, Karlsruhe, Juli 2020.

[S21]   Schriegel, Sebastian; Jasperneite, Juergen: A Migration Strategy for Profinet Toward Ethernet TSN-Based Field-Level Communication:

An Approach to Accelerate the Adoption of Converged IT/OT Communication. In: IEEE Industrial Electronics Magazine, DOI: 10.1109/MIE.2020.3048925, 2021.

[SA21]   Schriegel, Sebastian; Jasperneite, Jürgen: Migrationskonzept zur Einführung von Ethernet TSN in die Feldebene. In: Ulrich Jumar, at – Automatisierungstechnik, Band 69, Heft 11, 9. November 2021, Oldenbourg Wissenschaftsverlag, De Gruyter, 2021, S. 952-961, Abb. 1 – 6/ Tab. 1.

Inhaltsverzeichnis

I Abbildungsverzeichnis

II Tabellenverzeichnis

III Definition von Begriffen und Abkürzungen

Diese Arbeit ist in deutscher Sprache verfasst. Die Technologien und Standards, die für diese Arbeit relevant sind, sind international und bedienen sich englischer Sprache und vieler spezifischer Ausdrücke. Viele dieser technischen englischen Ausdrücke sind in deutschen Fachbüchern und der Lehre in Deutschland inzwischen auch in der Mischung mit deutschen Texten akzeptierbar, da die Eindeutigkeit und damit fachliche Richtigkeit und Lesbarkeit besser und einfacher gegeben sind. Dies wird auch in dieser Arbeit angewandt. Im Folgenden werden die Ausdrücke und Begriffe und deren Verwendung sowie Formelzeichen und Abkürzungen definiert.

A

AMQP – (Englisch) Advanced Message Queuing Protocol

ARM – (Englisch) Advanced RISC Machines - Prozessorarchitektur

ASIC – (Englisch) Application Specific Integrated Circuit

ASSP – (Englisch) Application Specific Standard Product

AVB – (Englisch) Audio Video Bridging

ASi – (Englisch) Actuator Sensor Interface, Aktor-Sensor-Schnittstelle

B

B – Formelzeichen für Bandbreite

Best Effort – (Englisch) Kommunikationsparadigma, bei dem Nachrichten bestmöglich, aber nicht garantiert, übertragen werden

Bridging – MAC-Bridging – Weiterleitung von Telegrammen in einem Ethernet-Netzwerk

Brownfield – Begriff mit dem bestehende Software, Systemarchitekturen oder Installationen einer Produktionsumgebung bezeichnet werden, in die neue

Software oder Technologie eingebaut werden soll. Eine vollständige Neuentwicklung oder Neuausstattung (Software, Systemarchitektur, Installation einer Produktionsumgebung) wird als Greenfield bezeichnet.

Bit – Maßeinheit für Informationen – ein Bit kann die zwei möglichen Werte „0" und „1" unterscheiden

Byte – Einheit in der Datenverarbeitung, die 8 Bit umfasst

C

CC-Link IE TSN – Industrielles Kommunikationssystem auf Basis von Ethernet TSN

Cloud – Fachausdruck aus dem Englischen, der im Internet verfügbare Speicher- und Rechenkapazität bezeichnet

Cut Through – Fachausdruck aus dem Englischen für ein Weiterleiteverfahren von Telegrammen in einem Ethernet-Knoten

CPU – (Englisch) Central Prozessor Unit - Zentrale Prozessoreinheit

CUC – (Englisch) Central User Configuration

CNC – (Englisch) Central Network Configuration

D

D – Formelzeichen für Durchsatz

Datenrate – Übertragungsgeschwindigkeit einer Kommunikationsverbindung, in Zusammenhang mit Ethernet und dem Begriff Ethernet-Link wird häufig auch der Begriff Linkrate verwendet

Device – (Englisch) Gerät

DEMUX – Demultiplexer

DFP – (Englisch) Dynamic Frame Packing

Domäne – definierter Teil eines Computernetzwerkes

DMA – (Englisch) Direct Memory Access

E

ECAT – Kurzform für EtherCAT

Echtzeitdurchsatz – Druchsatz oder Bandbreite, der als Echtzeitkommunikation klassifizierten Kommunikation in einem Netzwerk oder einer spezifischen Ethernet-Verbindung

Edge – Verfügbare Speicher- und Rechenkapazität am Übergang eines lokalen Computernetzwerkes und dem Internet

ERP – (Englisch) Enterprise Resource Planning

ERTEC – (Englisch) Enhanced Real Time Ethernet Controller

Egress – (Englisch) Fachausdruck für Netzwerkverkehr, der einen Netzwerkteil oder ein Netzwerkgerät verlässt

EtherCAT – Ethernet-basierter Feldbus

Ethernet/IT – Industrielles Kommunikationssystem auf Basis von Ethernet

Express-MAC – Ethernet-MAC, die in Kombination von Preemption Frames unterbrechen kann und so andere Frames bevorzug übertragen

F

f – Formelzeichen für Frequenz

FDB – (Englisch) Forwarding Data Base – Tabelle in einem MAC-Switch, die Informationen zu Routen enthält; In anderer Literatur mit FDB Filtering Data Base abgekürzt. Hier wird der Begriff Weiterleitungstabelle verwendet.

FLC – (Englisch) Field Level Communication – Bezeichnung einer Initiative der OPC Foundation mit dem Ziel der Entwicklung und Standardisierung eines echtzeitfähigen Kommunikationssystems auf Basis von OPC UA und Ethernet TSN

FPGA – (Englisch) Field Programmable Gate Array

FPBGA – (Englisch) Fine Pitch Ball Grid Array

Frame – (Englisch) Telegramm oder Rahmen, der in einem Netzwerk auf dem ISO/OSI-Layer 2 übertragen wird - Gängige Fachbezeichung in der Netzwerktechnik

G

Gate Event – (Englisch) Fachbezeichung nach IEEE 802.1 für einen zeitlich geplanten Schaltvorgang in einer TAS-Logik bei dem die Regel welche Frames auf einer Ethernet-Verbindung gesendet werden, geändert wird

Gateway – (Englisch) Fachausdruck für ein Netzwerkgerät, dass zwei Netzwerke auf dem ISO/OSI-Layer 7 (Applikation) verbindet

Greenfield – Begriff mit dem eine Neuentwicklung von Software, einer Systemarchitektur oder Installationen einer Produktionsumgebung bezeichnet wird.

GPIO – (Englisch) General Purpose Input Output – allgemein nutzbarer Kontaktstift an einer elektronischen Schaltung

GB – (Englisch) Guard Band – Schutzband in Verbindung mit IEEE 802.1Q TAS

I

IZG – Bezeichnung eines Kompatibilitätsverfahren für Ethernet TSN bei dem eine individuelle Zeitgüte eines Netzwerkes berechnet wird

IEC – (Englisch) International Engineering Commission

IEEE – Institute of Electrical and Electronics Engineers

IP-Core – (Englisch) Intellectual Property-Core

IT – Informationstechnologie

IoT – (Englisch) Internet of Things

IIoT – (Englisch) Industrial Internet of Things

IP – Internet Protokol

Inbound – (Englisch) Fachausdruck für die Kommunikation in der Richtung von Feldgeräten zu einer Steuerung

IRT – (Englisch) Isochronous Real Time – Bezeichnung für eine Kommunikationsklasse in einem PROFINET-Netzwerk, die Scheduled Traffic nutzt

ISO/OSI – International Standardization Organization - Open System Interconnection - Netzwerkarchitekturmodell

IO – (Englisch) Input Output – Eingang/ Ausgang – Bezeichnung in Verbindung mit den applikativen Fähigkeiten von Feldgeräten der Signalweitergabe

Ingress – (Englisch) Fachausdruck für Netzwerkverkehr, der in einen Netzwerkteil oder ein Netzwerkgerät eingeleitet wird

Interoperabilität – ein System kann auf Basis von Standards oder offengelegten Schnittstellenspezifikationen mit anderen Systemen ohne Einschränkungen zusammenzuarbeiten

K

Kompatibilität – ein System kann mit einem anderen System zusammenzuarbeiten, im Gegensatz zu Interoperabilität ist dies aber nicht durch einen Standard gesichert

Konformität – Wenn die Eigenschaften und Funktionen eines Systems den in einem offenen Standard geforderten Eigenschaften und Funktionen entspricht, ist das System konform.

L

LAN – (Englisch) Local Area Network

LED – Licht emitierende Diode

LLDP – (Englisch) Link Layer Discovery Protocol

Link Speed – (Englisch) Fachausdruck für die Datenrate einer Ethernet-Verbindung

M

MAC - (Englisch) Medium Access Control

MDI - (Englisch) Media Dependent Interface

MES - (Englisch) Manufacturing Execution System

MRP - (Englisch) Media Redundancy Protocol

MQTT - (Englisch) Message Queuing Telemetry Transport

MUX - Multiplexer

N

netX - Multiprotokol Echtzeit Ethernet Chip-Architektur des Unternehmens Hilscher

Netzwerkdiameter - maximale Routenlänge gemessen in der Anzahl von Netzwerkkomponenten in einem Netzwerk

NME - (Englisch) Network Management Engine

O

OC - (Englisch) Ordinary Clock - Fachausdruck für ein Netzwerkgerät mit einer Uhr, die auf ein Eingangssignal einer anderen Uhr, synchronisiert

OCXO - (Englisch) Oven Controlled Crystal Oscillator

Outbound - Fachausdruck aus dem Englischen für Kommunikation in der Richtung von einer Steuerung zu Feldgeräten

OPC UA - (Englisch) Open Process Communication Unified Architecture

OT - (Englisch) Operational Technology - Fachausdruck für die Hardware und Software, die zur Steuerung und Kontrolle von Maschinen, Anlagen und Prozessen notwendig ist.

P

PAM-5 - Modulationsverfahren

PROFINET - (Englisch) Process Field Network - Industrielles Kommunikationsprotokoll der Nutzerorganisation Profibus International e. V.

PTCP - (Englisch) Precision Time Control Protocol - Bezeichnung eines Zeitsynchronisationsprotokolls für PROFINET IRT

Preemption - Verwendeter Fachausdruck aus dem Englischen - Unterbrechung

preemptable - Verwendeter Fachausdruck aus dem Englischen - unterbrechbar

preemptiv - Verwendeter Fachausdruck aus dem Englischen - Unterbrecher

TCI.PCP - (Englisch) Tag Control Identifier Priority Code Point

R

RAM - (Englisch) Random-Access Memory - Direktzugriffsspeicher

RAMI 4.0 - Referenzarchitekturmodell Industrie 4.0

Remapping - Verwendeter Fachausdruck aus dem Englischen, die Änderung einer Zuordnung beschreibt

ROM - (Englisch) Read Only Memory - Speicher, der nur gelesen werden kann

RT - (Englisch) Real Time - Echtzeit

RISC - (Englisch) Reduced Instruction Set Computer: Rechner mit reduziertem Befehlssatz

RX - Kurzform für den englischsprachigen Begriff Receiver, die den Empfangsteil einer Kommunikationsarchitektur bezeichnet

S

S – Formelzeichen für Speicher

Scheduled Traffic – Verwendeter Fachausdruck aus dem Englischen, die zeitlich geplante und zeitgesteuerte Kommunikation beschreibt. Synonym genutzte Begriffe sind Isochrone Kommunikation und zyklische Kommunikation mit kurzer und deterministischer Latenzzeit

SCADA – (Englisch) Supervisory control and data acquisition

SDN – (Englisch) Software Defined Networking

SPS – Speicherprogrammierbare Steuerung

SPE – (Englisch) Single Pair Ethernet

Shim – (Englisch) Ausgleichsschicht: In der Ethernet-Technik genutzte Definition eines Zeitstempels in einer Datenverarbeitungsarchitektur

SMD – Start mPacket Delimiter: Bezeichnung für ein Symbol in der Ethernet-Codierung, dass den Start eines Frames einer Express-MAC bezeichnet

Switching – Weiterleitung von Frames in einem Ethernet-Netzwerk

T

TAP – (Englisch) Test Access Point

TCP – (Englisch) Transmission Control Protocol

TPS-1 – Tiger Profinet Single Chip 1

TC – (Englisch) Transparent Clock

TCI.PCP – Tag Control Information Priority Code Point – Bezeichnung für ein 3 Bit breites Feld in einem VLAN-Tag in dem die Priorität kodiert wird

TSN – (Englisch) Time Sensitive Networking – Begriff, der die Initiative bezeichnet IEEE Ethernet um Mechanismen zu erweitern auf deren Basis zeitsensitive Applikationen vernetzt werden können

TAS – (Englisch) Time Aware Shaper – Zeitgesteuertes Medienzugriffsverfahren nach IEEE 802.1Q

TAF – (Englisch) Time Aware Forwarding – Bezeichnung für ein Ethernet TSN-kompatibles Ethernet Bridging-Modell

TX – Kurzform für den englischsprachigen Begriff Transceiver, der den Sendeteil einer Kommunikationsarchitektur bezeichnet

V

VKDS – Verteilter Kooperativer Domänenschutz

VLAN – (Englisch) Virtual Local Area Network

P

Payload – Applikationsdaten einer Übertragung über ein Kommunikationsnetz

PHY – Abkürzung für (Englisch) Physical Layer – Bitübertragungsschicht in einem Kommunikationssystem

Port – Schnittstelle in einem Netzwerkgerät

Protokollkonvergenz – Protokolle können in einem Netzwerk oder einem Endgerät koexistieren und auf die Ressourcen zugreifen

PTP – (Englisch) Precision Time Protocol aus dem Standard IEEE 1588

PN LOW – PROFINET TSN Kommunikationsklasse mit garantieren Netzwerkressourcen

PN HIGH – PROFINET TSN Kommunikationsklasse mit sehr niedriger und deterministischer Latenz

Q

Queue – Verwendeter Fachausdruck aus dem Englischen, der eine Warteschlange in einem Netzwerkgerät beschreibt

Queue Masking – Verwendeter Fachausdruck aus dem Englischen, der das Abschalten der Sendeerlaubnis bestimmter Warteschlagen in einer IEEE 802.1Q-TAS-Logik in Netzwerkgeräten beschreibt

QoS – (Englisch) Quality of Service - Fachausdruck für die Güte einer Kommunikation

U

UDP – (Englisch) User Datagramm Protocol

G

GM – (Englisch) Grand Master, Gerät, dass in einem Netzwerk als Zeitquelle arbeitet

Gate – Verwendeter Fachausdruck aus dem Englischen – (deutsch) Tor - Abschalten der Sendeerlaubnis bestimmter Warteschlagen in einer IEEE 802.1Q-TAS-Logik in Netzwerkgeräten

Y

YANG – (Englisch) Yet Another Next Generation - Modellierung von Netzwerkkomponenten 802.1Qcw YANG Data Models for Scheduled Traffic, Frame Preemption, and Per-Stream Filtering and Policing

Z

Zeitgesteuerte Kommunikation – Verwendeter Begriff für (Englisch) Scheduled Traffic

Zykluszeit – Zeitspanne (auch Periode) mit der in einem Netzwerk ein Kommunikationsmuster wiederholt wird

1 Einleitung

1.1 Industrielle Revolution

Industrielle Revolution bezeichnet als Eigenbegriff die Nutzung von technischen Weiterentwicklungen in der Gesellschaft sowie die damit verbundenen organisatorischen Umgestaltungen [K11]. Inzwischen wird von vier industriellen Revolutionen gesprochen [K11]. Die erste industrielle Revolution umfasste insbesondere die Nutzung von Mechanik und Dampfkraft ab etwa 1830. Unter der zweiten industriellen Revolution werden die Nutzung von Elektrizität und die Arbeitsteilung mit Fließbändern in Fabriken anstatt von Manufakturen und Handwerk seit der Jahrhundertwende (1900) verstanden [K11]. Abbildung 1 zeigt als Beispiel eine elektrisch angetriebene Holzbearbeitungsmaschine, die dieser zweiten industriellen Epoche zugeordnet werden kann.

Dickenhobel:
Hersteller Zuckermann, Wien 1920
Betrieb: Steinheim, Westf. 2021

Abbildung 1: Elektr. Holzbearbeitungsmaschine: zweite industrielle Epoche

Als dritte industrielle Revolution wird die Nutzung von Elektronik, speicherprogrammierbaren Steuerungen und maschineninterner Vernetzung z. B. mit Feldbussen für Maschinen und Anlagen verstanden, die dadurch flexibel programmierbar wurden [J12, K11]. Seit 2012 wird an der vierten industriellen Revolution gearbeitet [K11, BMBF13]. Wesentliche Eigenschaften dieser Industrie 4.0 sind die Vernetzung von Maschinen untereinander und über das Internet, die Nutzung und maschinelle Auswertung von Daten und die Massenproduktion von individuellen Produkten [K11]. Ein Beispiel ist die SmartFactoryOWL in Lemgo.

Der Begriff der Revolution wird im Zusammenhang mit dieser Entwicklung der Produktionstechnik diskutiert und teilweise infrage gestellt. Da die Einführung neuer Technologien häufig schrittweise und über viele Jahre erfolgt, erscheint

Springer-Verlag GmbH, DE, ein Teil von Springer Nature 2022
S. Schriegel, *Kompatibilitätsverfahren für Profinet-Hardware mit Ethernet Time Sensitive Networks*, Technologien für die intelligente Automation 16,
https://doi.org/10.1007/978-3-662-64742-4_1

manchen Beobachtern der Begriff der Evolution als angemessener [J14]. Die
zwei erwähnten Beispiele – die Holzbearbeitungsmaschine und die SmartFactoryOWL – zeigen bei detaillierter Betrachtung, dass mit der Einführung von
neuer Technik oder neuen Organisationsformen die alten nicht ersetzt, sondern häufig zunächst temporär oder auch langfristig eher ergänzt werden. Die
gezeigte Holzbearbeitungsmaschine ist immer noch in Betrieb, und Handwerk
und Manufakturen existieren neben automatisierter Massenfertigung bis heute.
Maschinen und Anlagen, in denen Technologie zur Anwendung kommt, die der
Industrie 4.0 zugeschrieben wird, nutzen weiter auch Technologien und Elemente aus vorherigen Epochen. Da die Vernetzung für die Industrie 4.0 eine
zentrale Rolle spielt, kommt der Einführung entsprechender Vernetzungstech-
nologien und Migrationsstrategien eine hohe Bedeutung zu [E20]. Hier leistet
diese Arbeit einen Beitrag.

1.2 Motivation: Umsetzung von Ethernet TSN in der Feldebene

In der industriellen Produktion werden heute Feldbusse und Echtzeit-Ethernet
zur maschinennahen Vernetzung eingesetzt. Echtzeit-Ethernet basiert auf IEEE
802.3- und IEEE 802.1-Ethernet-Elementen und Ergänzungen für die notwendige Echtzeitfähigkeit durch IEC-Standards [J02]. Abbildung 2 zeigt, dass die
verschiedenen Echtzeit-Ethernet-Protokolle, wie PROFINET, Sercos III oder
EtherCAT, eine Selektion aus IEEE-Standards vornehmen und um Funktionen
der Standards IEC 61784 und IEC 61158 ergänzen. Die Systeme sind untereinander nicht interoperabel und nicht kompatibel [J07]. Das bedeutet, dass weder eine durch Standards definierte Kommunikation (Interoperabilität) noch
eine Zusammenarbeit der Systeme (Kompatibilität) möglich ist. Die Umsetzung
von IEEE- und IEC-Funktionen in Feldgeräten erfordert Architekturen aus Hardware und Software, mit denen Anforderungen an die Echtzeitfähigkeit erreicht
werden können.

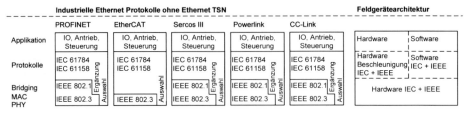

Abbildung 2: Echtzeit-Ethernet-Standards [S21]

Abbildung 3 zeigt, dass die Feldebene international auch als Operational Technology (OT) bezeichnet und mithilfe von Gateways an die höheren funktionalen
Ebenen der Automatisierungspyramide angeschlossen wird. Auf diesen höheren Ebenen werden IT-Technologien wie Ethernet und TCP/IP nach dem Best-

Effort-Prinzip zur Vernetzung verwendet [W17]. Die Konfiguration von Kommunikationsbeziehungen und die Zuordnung von Datenpunkten zwischen Kommunikationssystemen und Applikationen erfolgt manuell und statisch. Für Industrie 4.0-Applikationen wird dagegen eine durchgängige und skalierbare Vernetzung vom Sensor bis in die Cloud gefordert, die stoßfreie Rekonfigurationen zulässt [W17]. Das Referenz-Architekturmodell Industrie 4.0 (RAMI 4.0) [ZVEI15] soll die hierarchisch organisierte Automatisierungspyramide ablösen [S09, W17]. Abbildung 3 zeigt in Anlehnung an RAMI 4.0 und im Vergleich zur Automatisierungspyramide (ISA 95) den erweiterten Maschinen- und Anlagenlebenszyklus (IEC 62890) mit Rekonfigurationen und die im RAMI 4.0 definierte Hierarchieebene nach IEC 62264 und IEC 61512, die zusätzlich zur Automatisierungspyramide das Produkt und die physikalische Welt (Gebäude, Energienetz, Mobilität) kennt. Zu sehen ist in Abbildung 3 aus der dritten Dimension des RAMI 4.0, dem Schichtenmodell, nur die Kommunikationsschicht, da sie für die vorliegende Arbeit relevant ist.

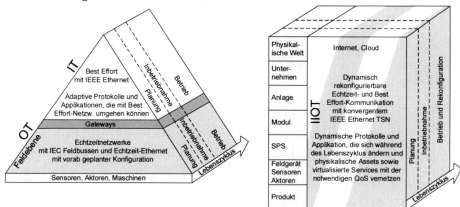

Abbildung 3: Wandel der Automatisierungsarchitektur [S21]

IEEE 802.1 Ethernet TSN (Time-Sensitive Networking) wird als Technologie gesehen, die einen Beitrag für die Umsetzung dieser durchgängigen und vereinheitlichten Kommunikation leisten kann [BE19]. TSN ermöglicht es, verschiedene zeitsensitive und nicht-zeitsensitive Protokolle gleichzeitig in einem Netzwerk zu nutzen. Dies wird auch als IT/OT-Netzwerkkonvergenz bezeichnet und in diesem Zusammenhang dann vom IIOT, dem Industrial Internet of Things, gesprochen. Ethernet TSN ermöglicht stoßfreie Rekonfiguration sowie eine skalierbare Kommunikationsleistung mit Bandbreiten von 10 MBit/s bis 10 GBit/s [PNG20]. Ein entsprechendes TSN-Profil für die industrielle Automation wird unter der Bezeichnung IEC/IEEE 60802 TSN-IA [60802ST] entwickelt. Neben dieser Arbeitsgruppe wird innerhalb der OPC Foundation unter der Bezeichnung Field Level Communication (FLC) ebenfalls an einer Ethernet TSN-basierten Lösung für OPC UA gearbeitet [FLC20]. Die Profibus-Nutzerorganisation und die CC-Link-Partner-Assoziation haben bereits Standards publiziert, welche TSN in ihre bestehenden Protokolle integrieren [PNG20]. Es ist das Ziel, dass diese Protokolle in Zukunft auf dem Profil IEC/IEEE 60802 TSN-IA basieren und in einem Netzwerk mit weiteren Protokollen, z. B. zur Audio- und Video-übertragung, arbeiten können. Abbildung 4 zeigt, dass bei diesen Ethernet TSN-basierten Kommunikationssystemen auf dem MAC-Layer und im Bridging keine Ergänzungen durch IEC-Standards erfolgen sollen. Der Profilstandard IEC/IEEE 60802 selektiert IEEE-Funktionen, wie z. B. die Nutzung von Uhrensynchroni-sation, und legt Kenngrößen wie z. B. die Größe des Pufferspeichers in Switches oder Latenzzeiten fest [60802ES]. Ethernet TSN-Feldgeräte nutzen je nach Applikationsanforderung weiterhin Hardware für Protokollbeschleunigungen oder für die Applikation selbst. In Ethernet TSN-Chips für Feldgeräte muss also eine Funktionalität implementiert werden, die nicht in IEEE-Standards definiert ist.

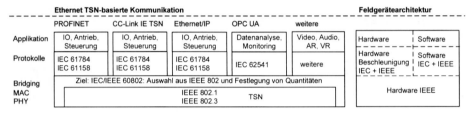

Abbildung 4: Ziel: Ethernet TSN-basiertes Kommunikationsnetz [S21]

1.3 Problembeschreibung und Forschungsfrage

Die Arbeit an der Standardisierung der IEC/IEEE 60802, die Umsetzung der neuen Funktionen in neue Chips, Geräte und Systeme und die Einführung in die Anwendung erfordern Zeit [S18-1]. In [A20] wird eine Migrationszeit von 10 bis 20 Jahren angegeben, in [H20] für die Migration von Automatisierungstechnik in der Energieversorgung von 40 Jahren gesprochen. Neben den langen Lebenszyklen von Produktionsmaschinen und der Automatisierungstechnik selbst ist die Entwicklung von Feldgeräten ein zentraler Grund, dass insbesondere auf Feldebene neue Kommunikationssysteme nur sehr langsam Verbreitung finden. Insbesondere hier sind Gerätedesigns anwendungsspezifisch [S17-2, F12-1, F13-1], und eine echtzeitfähige Implementierung der Kommunikation und Anwendung erfordert integrierte und optimierte Hardware-Software-Co-Designs mit entsprechenden Entwicklungsaufwänden [S18-2, F12-2]. Neue Fertigungstechnologien der Mikroelektronik werden deshalb auch nur niederfrequent für die Entwicklung und Optimierung von Feldgeräten genutzt, da die Stückzahlen der speziellen Feldgeräte häufig die Entwicklungsaufwände wirtschaftlich nicht rechtfertigen. Die existierende Produktvielfalt dieser speziellen Feldgeräte umfasst z. B. IO-Stationen, Messgeräte, Antriebsregler, Anzeigen, Bedienelemente und Sicherheitseinrichtungen. Abbildung 5 zeigt, dass im Gegensatz dazu die klassische IT mit Geräten wie Mobiltelefonen oder Servern (Bildmitte) mit den Leistungssteigerungen der jeweils aktuellen Mikroelektronik (oberer Bildteil) Schritt halten und so auch neue Netzwerkfunktionen schneller in die Anwendung kommen.

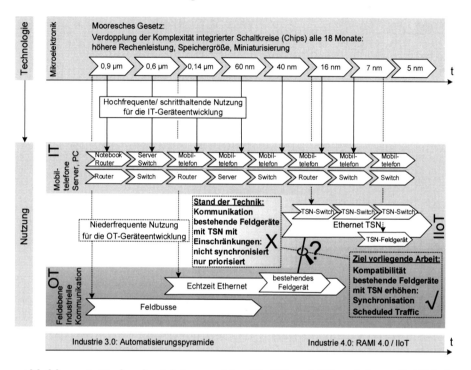

Abbildung 5: Technologielebenszyklen IT, OT und Mikroelektronik [SA21]

Aus den beschriebenen Gründen kommt Migrationsstrategien bzw. dem Thema Kompatibilität und Rückwärtskompatibilität eine hohe Bedeutung zu [VI19, S18-1, H20, A20]. Die Verwendbarkeit von bestehenden Feldgeräten ist daher auch eine von der Arbeitsgruppe IEC/IEEE60802 herausgearbeitete Anforderung [60802UC18].

Bisher vorgeschlagene Migrationsstrategien für die Systeme PROFINET und EtherCAT zur Verwendbarkeit bestehender Feldgeräte sehen die Kopplung der Geräte mit Ethernet TSN-Netzwerken vor [PNG20, ECAT]. Dabei kann aber nur ein Teil der Netzwerkfunktionen und der Netzwerkleistung genutzt werden. In Abbildung 5 in der Bildmitte ist dies als „Stand der Technik: Kommunikation mit Einschränkungen" gekennzeichnet. Funktionen wie zeitgesteuerte, niedriglatente Kommunikation, stoßfreie Rekonfiguration oder Synchronität sind nicht kompatibel nutzbar, unterliegen Einschränkungen oder sind gar nicht möglich [PNG20, ECAT]. Auch können existierende Komponenten nur an TSN-Domänen angeschlossen, nicht aber innerhalb derselben genutzt werden. Die Freiheit in der Topologie ist also eingeschränkt [PNG20]. Für das mit 32,4 Mio.

installierten Geräten weltweit am meisten verbreitete Echtzeit-Ethernet-System
PROFINET listet Tabelle 1 die Einschränkungen explizit auf [SA21].

Tabelle 1: Eingeschr. Kompatibilität PROFINET-Feldgeräten und TSN [SA21]

Funktion und Anforderungen Ethernet TSN-Netzwerk	Integration bestehender PROFINET-Geräte X
Zeitgesteuerte Kommunikation mit Cut Through **Latenzzeitgarantie von 3 µs** je Bridge bei einer Datenrate von 100 MBit/s (Scheduled Traffic), die stoßfrei rekonfiguriert werden kann [PNG20]	Eine zeitgesteuerte Kommunikation ist nicht möglich [PNG20]. Es ist nur eine priorisierte Kommunikation mit einer **Latenzzeitgarantie von minimal 122 µs** (Übertragungszeit eines maximal langen Frames von 1522 Byte bei einer Datenrate von 100 MBit/s) je Bridge möglich.
Freie Topologiewahl [PNG20]	Bestehende Feldgeräte können nicht in eine TSN-Domäne eingebaut, sondern **nur an die Domänengrenzen angeschlossen** werden [PNG20].
Synchronität mit einer Genauigkeit von **1 µs** [PNG20]	Es ist kein Synchronisationsprotokoll nutzbar [PNG20]. Die Synchronität entspricht den Eigenschaften einer zyklischen, nicht synchronisierten Kommunikation von z. B. **1 ms**.

Die Einführung und die unkomplizierte Nutzung von Industrie 4.0-Applikationen verzögern sich also dadurch, dass dem eine Umsetzung von Ethernet TSN in der Feldebene vorangehen muss und leistungsfähige Migrationsstrategien für bestehende Feldgeräte derzeit nicht vorliegen. Da PROFINET das am weitesten verbreitete industrielle Kommunikationssystem ist, hat eine verbesserte Migration für PROFINET-Geräte eine besonders große Bedeutung für eine schnellere Verfügbarkeit von Ethernet TSN und den notwendigen Funktionen in der Feldebene.

Ausgehend von der beschriebenen Herausforderung, Ethernet TSN in die Feldebene einzuführen und für die große Anzahl verschiedener bestehender Feldgeräte eine leistungsfähige Migration zu ermöglichen, entsteht die Forschungsfrage:

> **?** *Wie können bestehende PROFINET-Geräte mit den geforderten Funktions- und Leistungsmerkmalen kompatibel mit Ethernet TSN-Netzwerken genutzt werden?*

1.4 Zielsetzung: Kompatibilitätsverfahren für Ethernet TSN

In dieser Arbeit werden Kompatibilitätsverfahren für Ethernet TSN entworfen, die das Ziel haben, bestehende PROFINET-Hardware kompatibel mit Ethernet TSN-Netzwerken mit den geforderten Eigenschaften [60802UC18, 60802R18] zu nutzen. Mit den TSN-Kompatibilitätsverfahren soll es ermöglicht werden, TSN per Firmware-Update auf bestehenden Geräten zu installieren oder das Fehlen von Funktionen oder Ressourcen in einzelnen Geräten über die Konfiguration des TSN-Systemverbundes zu kompensieren. Mit den Kompatibilitätsverfahren sollen so über den Stand der Wissenschaft und Technik der Migrationsverfahren hinaus die in [60802UC18] geforderten Funktions- und Leistungsmerkmale, wie geringe Latenzzeit, zeitgesteuerte Kommunikation (Scheduled Traffic), stoßfreie Rekonfiguration, garantierter Ressourcenschutz und freie Topologiewahl, mit bestehenden PROFINET-Feldgeräten erreicht werden. Abbildung 6 zeigt die Zielsetzung in einer Übersicht.

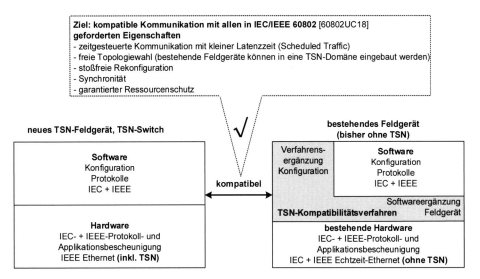

Abbildung 6: Ansatz und Ziel: Kompatibilitätsverfahren für Ethernet TSN

Die Verfahren sollen anhand der folgenden Kriterien bewertet werden:

- **Kompatibilität**: Eigenschaften gemäß Abbildung 6 und Tabelle 1
- **Interoperabilität** auf der Basis von Standards: IEEE 802, PROFINET TSN
- **Konformität**: Funktion gemäß Standards: IEEE 802, PROFINET TSN

1.5 Aufbau der Arbeit

Die Arbeit ist in sieben Kapitel strukturiert, die Abbildung 7 in einer Übersicht zeigt. Wurde im ersten Kapitel die Forschungsfrage hergeleitet und die Zielstellung definiert, so beschreibt Kapitel 2 die Entwicklung der industriellen Kommunikation und die Anforderungen an zukünftige Lösungen. Kapitel 3 zeigt den relevanten Stand der Wissenschaft und Technik. In Kapitel 4 werden die Inkompatibilitäten zwischen den von Profilstandards geforderten TSN-Funktionen, -Ressourcen und -Leistungen und den Möglichkeiten bestehender Echtzeit-Ethernet-Hardware analysiert. Kapitel 5 stellt die in dieser Arbeit entworfenen TSN-Kompatibilitätsverfahren vor. In Kapitel 6 wird eine Validierung und in Kapitel 7 eine Bewertung der Verfahren vorgenommen; beides bezieht sich auf die in den vorigen Kapiteln definierten oder hergeleiteten Anforderungen und Fragen.

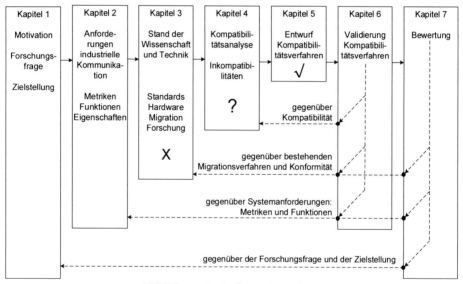

Abbildung 7: Aufbau der Arbeit

2 Entwicklung der industriellen Kommunikation und der Anforderungen

In diesem Kapitel werden die Entwicklung der industriellen IT-Architektur, die Eigenschaften von Industrie 3.0 und Industrie 4.0 sowie die Anforderungen an die zukünftige industrielle Kommunikationstechnik beschrieben. Das Kapitel leitet auf dieser Basis quantifizierbare Anforderungen her.

2.1 Architektur und Anwendungseigenschaften

Die IT-Systeme in der industriellen Automation sind heute hierarchisch organisiert. Die Automatisierungspyramide umfasst die Feldebene mit Maschinen, Sensorik und Aktorik sowie Echtzeitsteuerungssysteme wie z. B. speicherprogrammierbare Steuerungen (SPS) [J02]. Die SCADA-Ebene (Supervisory Control and Data Acquisition) umfasst die Produktionssteuerung. Diese Ebenen werden international als Operational Technology (OT) bezeichnet. Abbildung 8 zeigt, dass die oberen Ebenen der Automatisierungspyramide Funktionen zur Auftrags- und Fabriksteuerung (ERP, MES) enthalten [W17].

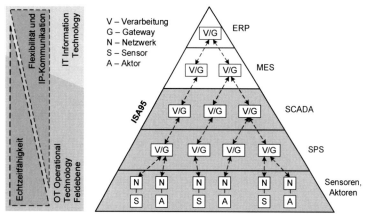

Abbildung 8: Automatisierungspyramide und Eigenschaften [S18-1]

Die Ebenen werden häufig mithilfe von Gateways miteinander verbunden [ISA95]. Die Systeme werden zum größten Teil durch Techniker konfiguriert. Die Diagnose und Optimierung von Maschinen und Anlagen erfolgt durch Experten. Ebenso werden Sicherheitszertifizierungen manuell durch Fachexperten vorgenommen. Die gesamte Architektur und das Vorgehen sind für Maschinen und Anlagen zur Massenproduktion, die über einen langen Zeitraum gleiche Produkte produzieren, entwickelt und entsprechend gut geeignet [W17].

© Der/die Autor(en), exklusiv lizenziert durch
Springer-Verlag GmbH, DE, ein Teil von Springer Nature 2022
S. Schriegel, *Kompatibilitätsverfahren für Profinet-Hardware mit Ethernet Time Sensitive Networks*, Technologien für die intelligente Automation 16,
https://doi.org/10.1007/978-3-662-64742-4_2

Industrie 4.0 beschreibt eine hoch flexible Produktion, mit der ein hoher Individualisierungsgrad der Produkte (Losgröße 1) zum Kostenniveau von Massenprodukten ermöglicht werden soll [W17]. Dazu werden z. B. Verfahren der Selbstoptimierung, Selbstkonfiguration und Selbstdiagnose eingeführt. Diese flexible und rekonfigurierbare Produktionstechnik erfordert ein entsprechend flexibles Steuerungssystem [W17]. Es sollen sich Anlagenteile neu zusammenstellen und Dienste problemlos mit den Maschinen verbinden lassen, um z. B. anhand von Daten Diagnosen und Optimierungen zu ermöglichen [V17, D15]. Diese automatischen Rekonfigurationen sollen auf der Basis von online integrierten Informationsmodellen und Semantiken erfolgen. Die Vernetzung muss dafür durchgängig und einheitlich sein, da die Konfigurationsaufwände ansonsten steigen und die Daten an Qualität (Latenz, Synchronität, Vollständigkeit, Verfügbarkeit) verlieren. Tabelle 2 fasst diese Industrie-4.0-Eigenschaften zusammen und stellt sie der Industrie 3.0 gegenüber.

Tabelle 2: Gegenüberstellung Eigenschaften Industrie 3.0 und Industrie 4.0

Entwicklungs-stufe	Industrie 3.0		Industrie 4.0	
Architektur	Automatisierungspyramide		RAMI 4.0 Industrial Internet of Things	
Produkt	▪▪▪▪ ▪▪▪▪	Massenprodukte über einen langen Lebenszyklus	●▪●▲ ▪▲●▪	Individuelle Produkte und kurze Lebenszyklen
Wertschöpf-ungsketten	⟫⟫⟫	vorab geplant	⟫⟫⟫	dynamisch
Konfiguration	🔧	manuelle Konfig. mehrmals im Lebenszyklus (Planung und Inbetriebnahme)	1010 0100	automatisierte Konfig. und Rekonfiguration zur Laufzeit und zu jedem Zeitpunkt im Lebens-zyklus (Plug-and-Play)
Information	📄	Gerätebeschreibungs-dateien und Datenblätter	10100 01001 01000	in das Laufzeitsystem integrierte Informations-modelle, Semantik (digitaler Zwilling)
Vernetzung	▪▪▪ ▪▲●	IEC-Echtzeitprotokolle, Feldbusse, Gateways Trennung von IT und Feldebene	TSN 5G	IEEE-TSN-basierte zeitsensitive skalierbare Kommunikations-netzwerke und drahtlose Kommunikation
IT-Sicherheit	🛡🛡	Firewall als Gerät und getrennte Netze	🛡	integierte Firewall-Funktionen (SDN und Endgeräte)
Optimierung	🧍🔧	manuelle Maschinen-optimierung und Diagnose	1010 0100	datengetriebene Optimierung z. B. mit Verfahren des maschinellen Lernens
Funktionale Sicherheit	🧍📋	manuelle Sicherheits-bewertung einmalig im Lebenszyklus (vor Produktionsbeginn) sicherer Zustand: aus	1010 0100	automatische Sicherheitsbewertung zu jedem Zeitpunkt im Lebenszyklus sicherer Betrieb: steuern

Die dafür in der Fachwelt diskutierte Architektur ist das Industrial Internet of Things (IIoT) [W19]. Das IIoT sieht u. a. die Virtualisierung von Diensten und eine durchgängige Vernetzung ohne Gateways vor (Abbildung 9) [W17, H18].

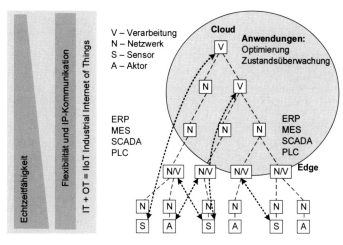

Abbildung 9: Industrial Internet of Things und Eigenschaften [S18-1]

2.2 Entwicklung der industriellen Kommunikation

Dieses Kapitel gibt einen Überblick über die Entwicklung der industriellen Kommunikation. Die Kommunikationssysteme werden dabei in die in Kapitel 2.1 eingeführten Architekturen – Automatisierungspyramide und IIoT – eingeordnet.

Die Echtzeitkommunikation in der Feldebene hat mit Feldbussystemen wie Profibus, Interbus und Devicenet begonnen [J02]. Zusätzlich wurden Kommunikationslösungen für einfache Sensoren wie z. B. ASi, IO-Link und HART entwickelt. Diese zeichnen sich durch besondere Kosteneffizienz und z. B. durch gute Einsatzmöglichkeiten in explosionsgeschützten Bereichen aus. Die Systeme sind auf keinem der sieben ISO/OSI-Layer interoperabel [S17]. Ab dem Jahr 2000 begann die Entwicklung und Einführung von Echtzeit-Ethernet wie z. B. PROFINET, EtherCAT, Modbus oder Ethernet/IP [J02, J09]. Diese Systeme sind ebenfalls nicht interoperabel und können nur begrenzt in einem Ethernet-Netzwerk koexistieren. In der Maschine-zu-Maschine- und Maschine-zu-Dienst-Vernetzung werden z. B. MQTT oder OPC UA eingesetzt [V17]. Die Kopplung zwischen den Kommunikationssystemen wird mit Gateways realisiert. Abbildung 10 ordnet diese Technologien mit Hinweisen auf relevante Standards in die Automatisierungspyramide (links) ein.

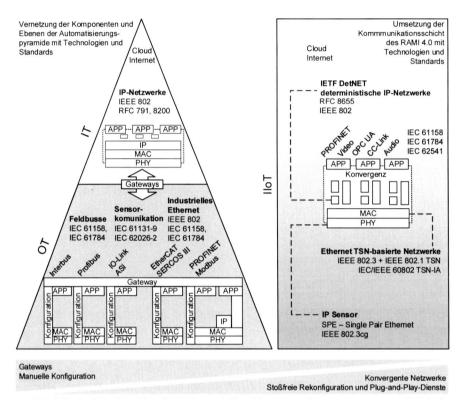

Abbildung 10: Standards industrieller Kommunikationssysteme [SA21]

Auf der rechten Seite zeigt Abbildung 10, wie die für RAMI 4.0 notwendige Vernetzung im Sinne eines IIoT unter Nutzung von Ethernet TSN-basierter Kommunikation umgesetzt werden soll [VI19, V17, ULL18]. Ziel ist ein konvergentes Ethernet TSN-basiertes Kommunikationsnetz, das von verschiedenen Protokollen genutzt werden kann. Dies soll durch den Profilstandard IEC/IEEE 60802 erreicht werden. Um auch Sensoren mit Ethernet- und IP-basierter Kommunikation vernetzen zu können, soll Single Pair Ethernet (SPE) als dafür optimierte und geeignete Ethernet-Übertragungsphysik verwendet werden [L20]. Im Bereich Internet- und Edge-Integration wird von IETF-Gremien (Internet Engineering Task Force) unter der Bezeichnung DetNET an einer deterministischen IP-Kommunikation gearbeitet. Das Thema Time Sensitive Networking ist weiterhin nicht auf drahtgebundene Kommunikation oder Ethernet beschränkt. Mit 5G-Architekturen sollen zukünftig Ende-zu-Ende-Kommunikationsqualitäten auch mit drahtlosen Verbindungen realisiert werden [ULL18]. Im Dezember 2020 hat die ZVEI-Arbeitsgruppe 5G Alliance for Connected Industries and Automation ein Whitepaper zur Integration von 5G und Ethernet TSN publiziert [5GACIA20]. Neben Anforderungen werden Integrationsmodelle beschrieben.

2.3 Definierte Anwendungsfälle und Systemanforderungen

Von dem Standardisierungsgremium IEC/IEEE 60802 TSN-IA wurden 35 grundsätzliche Anwendungsfälle für die industrielle Ethernet TSN-basierte Kommunikation definiert [60802U18]. Abbildung 11 zeigt den Arbeitsablauf der IEC/IEEE 60802-Standardisierung. Aus den definierten Anwendungen wurden Anforderungen an Kommunikationssysteme abgeleitet und in [60802R18] beschrieben. Aus diesen Systemanforderungen wiederum ergaben sich Anforderungen an die Feldgeräte, die in Kapitel 3.4.1 im Detail beschrieben werden.

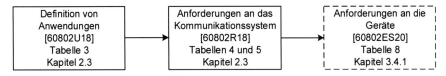

Abbildung 11: Arbeitsablauf IEC/IEEE 60802-Standardisierung

Dem Standardisierungsgremium IEC/IEEE 60802 TSN-IA gehören weltweit bedeutende Unternehmen der industriellen Automation wie z. B. Siemens, Rockwell Automation, Beckhoff, B&R, ABB und Yokogawa an. Die 35 definierten Anwendungsfälle umfassen neben solchen, aus denen Anforderungen an die TSN-basierte Kommunikation abgeleitet werden können, auch Anwendungsfälle zur IT-Sicherheit, Firmwareaktualisierung oder Gerätemodellierung. In dieser Arbeit werden nur die für Ethernet TSN relevanten Anwendungsfälle betrachtet. Sie sind in Tabelle 3 aufgeführt.

Tabelle 3: Anwendungsfälle der IEC/IEEE 60802

#	Bezeichnung aus [60802U18]	Kurzbeschreibung
02	**Isochronous Control Loops with guaranteed low latency**	**Garantierte kleine Latenzzeit mit auf die Kommunikation synchronisierter Applikation (Isochronität), die z. B. für schnelle Regelkreise genutzt werden kann.**
03	Non-Isochronous Control Loops with bounded latency	Steuerungskommunikation mit garantierter Latenzzeit, auf der eine nicht synchronisierte Applikation arbeiten kann.
12	**New machine with brownfield devices**	**Brownfield-Geräte mit Echtzeitkommunikation sollen mit TSN-Steuerungen genutzt werden können.**
13	Mixed link speeds	Ein TSN-Netzwerk muss mit verschiedenen Datenraten aufgebaut werden können. Datenraten: 10 MBit/s bis 10 GBit/s.
15	Auto domain protection	Eine TSN-Domäne wird automatisch gegen nicht geplante Kommunikation geschützt.
16	Vast number of connected stations	Es sollen bis zu 10.000 Geräte miteinander vernetzt werden können.
17	Machine to Machine/ Controller to Controller (M2M/C2C) Communication	Neben der Vernetzung einer zentralen Steuereinheit (SPS) mit dezentralen Feldgeräten sollen auch Maschinen untereinander vernetzt werden.
18	Pass-through traffic	Die TSN-Netzwerke sollen von Applikationen genutzt werden können, die nur die Netzwerkinfrastruktur nutzen und keine weitere gemeinsame Applikation oder Projektierung mit der TSN-Domäne haben.
19	Modular machine assembly	Mit den TSN-Netzwerken sollen modular aufgebaute Maschinen vernetzt werden. Das Kommunikationsnetzwerk muss dazu sowohl stoßfrei als auch automatisch rekonfiguriert werden können.
20	Tool changer	Mit den TSN-Netzwerken sollen wechselbare Werkzeuge vernetzt werden. Das Kommunikationsnetzwerk muss dazu sowohl stoßfrei als auch automatisch rekonfiguriert werden können.
21	Dynamic plugging and unplugging of machines (subnets)	Mit den TSN-Netzwerken sollen Maschinenteile dynamisch getrennt und verbunden werden. Das Kommunikationsnetzwerk muss dazu sowohl stoßfrei als auch automatisch rekonfiguriert werden können.
23	Add machine, production cell or production line	Mit den TSN-Netzwerken sollen Maschinen, Produktionszellen oder Produktionslinien zu bestehenden Produktionselementen hinzugefügt werden können. Das Kommunikationsnetzwerk muss dazu sowohl stoßfrei als auch automatisch rekonfiguriert werden können.
24	Multiple applications in a station using the TSN-IA profile	Verschiedene Applikationen (die ein eigenes Engineering haben) sollen ein TSN-Netzwerk gemeinsam nutzen können.
34	Digital twin	Die Geräte und das Netzwerk sollen mithilfe eines digitalen Zwillings während ihres Lebenszyklus verwaltet werden.
35	Device replacement without engineering	Ein Gerät soll ohne ein Engineering-Werkzeug ausgetauscht werden können.

Für diese Arbeit sind die Anwendungsfälle mit den Nummern 02 und 12 (in Tabelle 3 hervorgehoben) besonders relevant. Es sind zur Kommunikation synchrone Applikationen erforderlich, bei der die Kommunikation eine garantiert kleine Latenzzeit aufweist (Nummer 02), und bestehende Geräte sollen genutzt werden können (Nummer 12). Dies lässt sich mit den heute definierten Migrationslösungen nicht erfüllen (Tabelle 1).

Tabelle 4 gibt einen Überblick über die von den Kommunikationssystemen geforderten Eigenschaften.

Tabelle 4: Anforderungen [60802R18]

Eigenschaft	Wert
Echtzeitdurchsatz	bis zu 200 MBit/s
kleinste Zykluszeit	31,25 µs
Anzahl vernetzbarer Geräte	10.000
Datenrate	10 MBit/s bis 10 GBit/s
Netzwerkdiameter	64
Latenzzeit	1 µs/Bridge bei Datenrate 1 GBit/s
Zeitsynchronisationsgenauigkeit	1 µs
Topologien	Linie, Stern, Ring, beliebige Mischungen

Neben diesen Eigenschaften werden Systemfunktionen wie z. B. eine stoßfreie Rekonfiguration der Topologie und von Kommunikationsverbindungen gefordert. Tabelle 5 zeigt die Funktionen, die in [60802R18] gefordert werden.

Tabelle 5: Funktionsanforderungen [60802R18]

Funktionsanforderung	Parameter
Skalierbarkeit durch verschiedene Datenraten	10 MBit/s, 100 MBit/s, 1 GBit/s, 2,5 GBit/s, 5 GBit/s, 10 GBit/s
Stoßfreie Rekonfiguration von Topologien und einzelnen Kommunikationsverbindungen mit zeitgesteuerter Kommunikation	Frameverluste = 0 Kein Frame geht verloren, der nicht zu den rekonfigurierten Applikationen oder Netzwerkteilen gehört. Übertragungszeitpunkte sind vorhersagbar: t_f. Die garantierten Zeitschranken von Verbindungen, die nicht zu den rekonfigurierten Applikationen oder Netzwerkteilen gehören, werden eingehalten.
Protokollkonvergenz	Beliebige Protokolle können ein Netzwerk und die zur Verfügung stehenden Netzwerkressourcen nutzen. Es sind keine bestimmten Netzwerkressourcen (z. B. zeitgesteuerte Kommunikation) einem bestimmten Protokoll vorbehalten. Beispiele: PROFINET, OPC UA
Mehrere Steuerungen, die zeitgesteuerte Kommunikation nutzen, arbeiten in einem Netzwerk.	> 1 Steuerung

Die Kommunikationssysteme sollen skalierbar sein [60802R18]. Es sollen einfache Feldgeräte oder Sensoren, die gleichzeitig preissensitiv und sowohl in ihrer Baugröße als auch hinsichtlich der Leistungsabgabe begrenzt sind, mit Serversystemen und dem Internet vernetzt werden können [60802UC18]. Da hohe Datenraten wie z. B. Gigabitkommunikation sowohl preislich als auch aufgrund der Leistungsabgabe für einfache Feldgeräte oder Sensoren nicht anwendbar sind, für servernahe Netzwerke oder zentrale Kommunikationsteile aber gebraucht werden, müssen Netzwerke mit gemischten Datenraten aufgebaut werden können [60802R18]. Weiterhin können die Netzwerke nicht mehr nur mit einer Steuerung und der zugehörigen Konfigurations- oder Programmierumgebung (Engineering Software) verschmolzen sein [60802R18]. Die zukünftigen Netzwerke sollen von mehreren Steuerungen oder anderen Applikationen (z. B. datenbasierte Services) genutzt werden können. Diese unabhängigen Applikationen können dabei unterschiedliche Protokolle nutzen (Konvergenz) und müssen stoßfrei rekonfiguriert werden können, ohne dass andere Applikationen beeinflusst werden [60802R18]. Bei der stoßfreien Rekonfiguration dürfen keine Frames verloren gehen, und die garantierten Zeitschranken von Verbindungen, die nicht zu den rekonfigurierten Applikationen oder Netzwerkteilen gehören, müssen weiter eingehalten werden.

3 Stand der Wissenschaft und Technik

Dieses Kapitel enthält den für die Arbeit relevanten Stand der Wissenschaft und Technik. Dazu zählen spezifische Grundlagen und aktuelle Entwicklungs- und Forschungsstände von Echtzeit-Ethernet-Protokollen und deren Funktions- und Leistungsgrenzen. Insbesondere auf IEEE 802 Ethernet, Ethernet TSN-Profile, Feldgerätearchitekturen und Hardwaretechnologien sowie die Ethernet TSN-Konfiguration und Ethernet TSN-Scheduling-Grundlagen wird eingegangen. Zentral für die Arbeit ist der Stand der Technik der Migrationsstrategien von Echtzeit-Ethernet hin zu Ethernet TSN und deren Funktions- und Leistungsgrenzen. Diese bilden die Motivation und Ausgangslage für die in dieser Arbeit durchgeführten Untersuchungen und für die angestrebten und erzielten Verbesserungen. Abbildung 12 zeigt die Inhalte und Struktur dieses Kapitels in einer Übersicht.

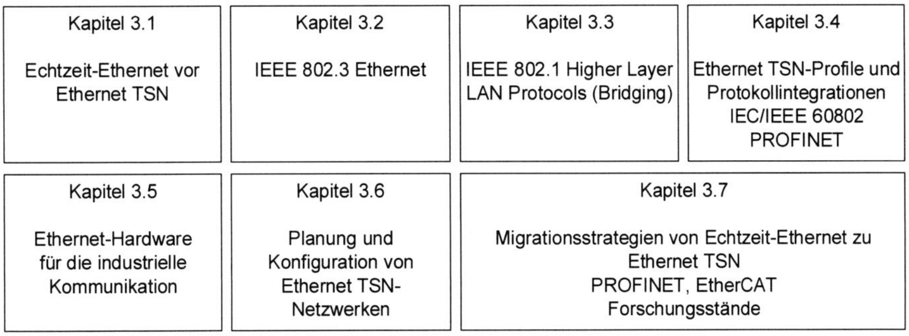

Kapitel 3.1	Kapitel 3.2	Kapitel 3.3	Kapitel 3.4
Echtzeit-Ethernet vor Ethernet TSN	IEEE 802.3 Ethernet	IEEE 802.1 Higher Layer LAN Protocols (Bridging)	Ethernet TSN-Profile und Protokollintegrationen IEC/IEEE 60802 PROFINET

Kapitel 3.5	Kapitel 3.6	Kapitel 3.7	
Ethernet-Hardware für die industrielle Kommunikation	Planung und Konfiguration von Ethernet TSN-Netzwerken	Migrationsstrategien von Echtzeit-Ethernet zu Ethernet TSN PROFINET, EtherCAT Forschungsstände	

Abbildung 12: Inhalte des Kapitels Stand der Wissenschaft und Technik

3.1 Echtzeit-Ethernet vor der Einführung von Ethernet TSN

In diesem Unterkapitel werden die heute in der Anwendung befindlichen Echtzeit-Ethernet-Systeme, die dementsprechend ohne Ethernet TSN arbeiten, dargestellt. Die Darstellung ist auf die für diese Arbeit relevanten Bereiche beschränkt: Das sind der Medienzugriff, das Switching, die Zeitsynchronisation sowie eine Darstellung der daraus resultierenden Interoperabilität der Konzepte.

© Der/die Autor(en), exklusiv lizenziert durch
Springer-Verlag GmbH, DE, ein Teil von Springer Nature 2022
S. Schriegel, *Kompatibilitätsverfahren für Profinet-Hardware mit Ethernet Time Sensitive Networks*, Technologien für die intelligente Automation 16,
https://doi.org/10.1007/978-3-662-64742-4_3

3.1.1 Klassifizierung

Echtzeit-Ethernet-Systeme können grundsätzlich in drei Klassen eingeteilt werden, die sich bzgl. ihrer Echtzeiteigenschaften und ihrer Konformität zu IEEE-Standards unterscheiden [J07]. Abbildung 13 zeigt, dass für ein höheres Level an Echtzeiteigenschaften, wie z. B. kleine Latenzzeiten, mehr Ergänzungen zu IEEE-802-Standards für die Systeme vorgenommen worden sind [J07]. Die Konformität zu IEEE-Standards nimmt damit also ab. Die Klasse 1 enthält Systeme wie Modbus und Ethernet/IP, die auf TCP/IP oder UDP/IP aufsetzen und so grundsätzlich in jedem Ethernet-Netzwerk genutzt werden können, aber keine erweiterten Echtzeiteigenschaften mitbringen [J07]. Die Klasse 2 enthält insbesondere PROFINET RT, das über die Priorisierung von Echtzeit-Frames und die Begrenzung der Netzwerkgröße und des Echtzeitdurchsatzes durch entsprechende Aufbaurichtlinien Echtzeit-Garantien gibt [PNV2.3]. Die Klasse 3 enthält Systeme wie PROFINET IRT und EtherCAT, die eine hohe Echtzeitfähigkeit aufweisen und so z. B. für hochdynamische Antriebsregelungen geeignet sind [J09]. IRT steht für „Isochronous Real Time" und nutzt neben hochgenauer Zeitsynchronisation eine Zeitplanung und Zeitsteuerung der Echtzeitkommunikation. Für die Systeme der Klasse 3 ist eine spezifische Hardware erforderlich; Standard-Ethernet-Komponenten können nicht genutzt werden [S08].

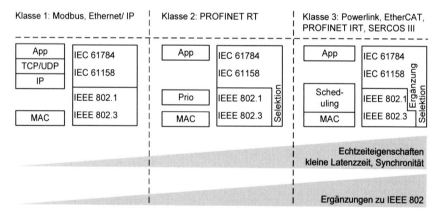

Abbildung 13: Klassifikation nach Echtzeit und IEEE 802-Konformität [S08]

Abbildung 14 zeigt an einem bespielhaften PROFINET RT-Netzwerk, wie der Medienzugriff und das Switching funktionieren. Dargestellt sind eine Topologie mit drei Switches und ein Zeitdiagramm, das die Belegung der Ethernet-Verbindung erkennen lässt. Die Echtzeit-Frames (RT 1, RT 2) werden priorisiert an eine Steuerung (SPS, rechts im Bild) übertragen, müssen aber in den Switches warten, wenn das Medium durch andere Frames (Frame 1, Frame 2) belegt ist [PNV2.3].

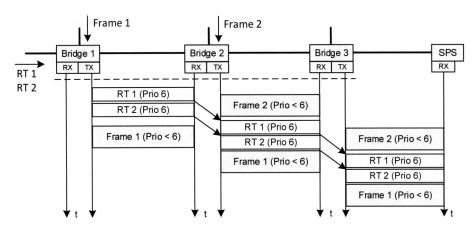

Abbildung 14: Medienzugriff und Switching PROFINET RT (Klasse 2) [S11]

In Abbildung 15 ist die Funktionsweise des Medienzugriffes und des Switchings von PROFINET IRT zu sehen. Alle Komponenten sind dabei synchronisiert. Für jeden einzelnen Frame werden von einer zentralen Konfigurationslogik Übertragungszeitbereiche so berechnet, dass die Frames mit geringsten Übertragungsverzögerungen durch das Netzwerk geleitet werden können [PNV2.3, W12].

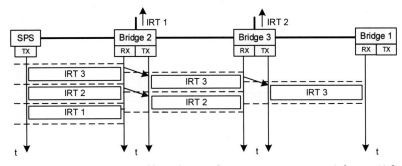

Abbildung 15: Medienzugriff und Switching PROFINET IRT (Klasse 3) [S11]

Eine vereinfachte Variante dieses IRT-Switchings für Komponenten mit zwei externen Ports (Bridged End Stations) ist das relative Weiterleiten (relatives Forwarding) [PNV2.3]. Bei diesem Verfahren wird anstatt absoluter Sendezeitpunkte für die einzelnen IRT-Frames ein reservierter Zeitbereich für einen bestimmten Frametyp genutzt [S11]. Zu sehen ist dies in Abbildung 16. Neben der einfacheren Konfiguration und der einfacheren Hardware, bei der keine Adresstabelle notwendig ist, besteht der Vorteil darin, dass leicht verspätete Frames nicht verworfen werden.

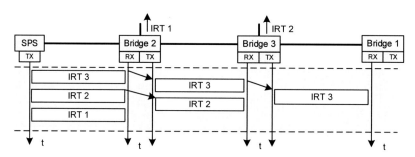

Abbildung 16: Medienzugriff und Switching PROFINET IRT relativ [S11]

3.1.2 Konvergenz, Koexistenz, Interoperabilität

Die Echtzeit-Ethernet-Protokolle PROFINET, EtherCAT, Sercos III, Modbus und Powerlink sind untereinander nicht interoperabel [W17]. Ein PROFINET-Gerät kann also z. B. nicht mit einem Modbus-Gerät kommunizieren. Modbus und PROFINET können aber innerhalb eines Ethernet-Netzwerks genutzt werden [PNV2.3]. Insbesondere Systeme der Klassen 1 und 2 sowie PROFINET IRT (Klasse 3) lassen sich also mit anderen Protokollen in einem Netzwerk nutzen. Es kann aber z. B. in einem PROFINET IRT-Netzwerk gleichzeitig PROFINET RT mit Modbus- oder OPC-UA-Kommunikation stattfinden. EtherCAT dagegen beansprucht alle Netzwerkressourcen für sich und lässt keine anderen Protokolle auf dem Netzwerk zu [ECAT]. PROFINET RT und Audio-Video-Streaming mit VLAN-Priorisierung funktionieren zwar in einem Netzwerk, es kann aber zu Ressourcenkonflikten mit entsprechenden Frameverlusten durch Überlastung und dadurch zu Verbindungsausfällen kommen.
Die Verbindung von unterschiedlichen Kommunikationssystemen wird heute häufig über Gateways realisiert, die auf ISO/OSI-Layer 7 (Applikation) die Nutzdaten weitergeben. Dies ist mit Konfigurationsaufwänden verbunden und die Quality of Service (QoS) sinkt häufig ab [H18]. EtherCAT definiert für so einen Anwendungsfall Ethernet over EtherCAT. Dabei werden Ethernet-Frames fragmentiert, in den EtherCAT-Frame eingebettet und übertragen [ECAT].

3.1.3 Grenzen der Flexibilisierung

Industrielle Kommunikationssysteme werden für den jeweiligen Einsatz der Vernetzung einer spezifischen Maschine individuell konfiguriert. Dafür müssen die Systeme entsprechende Flexibilität zulassen. Heutige industrielle Kommunikationssysteme wie Interbus oder PROFINET können flexibel konfiguriert werden. Insbesondere die Echtzeit-Ethernet-Systeme der Klasse 3 lassen sich aber nicht stoßfrei rekonfigurieren [W16]. Es lassen sich zwar verschiedene Topologien und zum Beispiel die Zykluszeiten individuell einstellen, eine einfa-

che Änderung solcher Konfigurationen zur Systemlaufzeit ist aber nicht möglich. In [W16] wird ein einfacher Scheduling-Algorithmus für PROFINET IRT beschrieben, der in ressourcenbeschränkten Systemen integriert werden kann
und bei Topologieänderungen neue Zeitpläne erstellt. Für das stoßfreie Akti-
vieren dieser neuen Zeitpläne wäre aber neue Hardware notwendig. Eine Rekonfiguration eines typischen IRT-Systems dauert aufgrund des IRT-Systeman-
laufs weiterhin häufig bis zu einer Minute. In den Patenten [P17-1] (portunabhängiges topologisch geplantes Echtzeitnetzwerk) und [P17-2] (portunabhängiges PROFINET IRT) ist ein Verfahren beschrieben, wie Switches autonom und
dezentral eine Portzuordnung von Sendelisten vornehmen können. Damit ist
die Verkabelung in der Anwendung einfacher, da der Port eines Switches beliebig gewählt werden kann. Für eine darüber hinaus gehende Topologieänderung
funktioniert das Verfahren aber nicht.

3.2 IEEE 802.3-Ethernet

Der Standard IEEE 802.3 definiert die MAC- und die PHY-Schicht von Ethernet. Dies beinhaltet die Signalkodierung, Medientypen und Datenraten (Link und Data Link Layer). Die ersten Ethernet-Standards wurden in den 1970er-Jahren veröffentlicht. Bis heute werden neue MAC-Layer und PHY-Layer mit höheren Datenraten bis zu 100 GBit/s oder einer günstigeren Verkabelung wie z. B. Zwei-Draht-Ethernet (Single Pair Ethernet) definiert und auf bestimmte Anwendungen zugeschnitten. Die übliche Datenrate von Echtzeit-Ethernet in industriellen Anwendungen beträgt heute 100 MBit/s (IEEE 802.3u 100BASE-TX, 100BASE-T4, 100BASE-FX) [PNV2.3, ECAT]. Die nächste Generation der industriellen Kommunikation soll sowohl höhere Datenraten (bis zu 10 GBit/s) als auch niedrigere Datenraten wie 10 MBit/s in Kombination mit Zwei-Draht-Ethernet für die Sensorkommunikation umfassen [60802ST, PNV2.4]. Wichtige MAC- und PHY-Typen für die industrielle Kommunikation sind IEEE-802.3ab-1000BASE-T-Gbit/s-Ethernet über Twisted Pair, IEEE-802.3bp-1000BASE-T1-Gigabit-Ethernet über ein einzelnes Adernpaar, 802.3cq-Power-over-Ethernet über zwei Adernpaare und 802.3bw-100BASE-T1-100-MBit/s-Ethernet über ein einzelnes Adernpaar. Im Folgenden werden die für diese Arbeit relevanten und die in Kombination mit Echtzeit-Ethernet diskutierten IEEE-802.3-Technologien kurz beschrieben.

3.2.1 Express MAC

Die als Express MAC bezeichnete Erweiterung des IEEE 802.3-Standards ermöglicht die Übertragungsunterbrechung von Ethernet-Frames. Ethernet-Frames, die unterbrochen werden dürfen, und Fragmente von Ethernet-Frames werden dabei mit einem SMD (Start mPacket Delimiter) gekennzeichnet (siehe Abbildung 17). Bisherige Ethernet-Frames wurden mit einem Start of Frame Delimiter (SFD) mit dem Wert 0xD5 gesendet. Die Express-MAC-Funktion kann entsprechend auch nur dann genutzt werden, wenn beide Verbindungspartner dies unterstützen. Eine Express MAC wird in Verbindung mit der IEEE 802.1-Funktion Preemption genutzt, die in Kapitel 3.3 der vorliegenden Arbeit erläutert wird und zu den mit TSN bezeichneten Funktionen gehört.

Frame einer Standard-Ethernet MAC

Präambel	SFD	Ziel-MAC	Quell-MAC	VLAN-Tag	Type	Nutzdaten	CRC
7 Byte	**1 Byte**	6 Byte	6 Byte	4 Byte	2 Byte	≤ 1500 Byte	4 Byte

Frame einer Express MAC

Präambel	SMD	Ziel-MAC	Quell-MAC	VLAN-Tag	Type	Nutzdaten	CRC
7 Byte	**1 Byte**	6 Byte	6 Byte	4 Byte	2 Byte	≤ 1500 Byte	4 Byte

Abbildung 17: Aufbau eines Ethernet-Frames mit Präambel, SFD, SMD

3.2.2 Fast Ethernet und Gigabit-Ethernet

Fast Ethernet bezeichnet eine Ethernet-Übertragungsphysik mit einer Datenrate von 100 MBit/s. Die Variante mit Kupferleitungen (100BASE-T) und die Variante mit Glasfaser (100BASE-FX) sind die in der industriellen Kommunikation heute am häufigsten eingesetzten und auch vorherrschenden Technologien. 100BASE-T nutzt zwei Adernpaare bei einer maximalen Leitungslänge von 100 m. Als Stecker werden RJ45 (Registered Jack 45) oder Rundstecker genutzt, die für Geräte der Schutzklasse IP67 (International Protection 67 z. B. nach IEC 60529) geeignet sind. Es handelt sich um eine synchrone Datenübertragung. Durch eine 4B5B-Kodierung werden entsprechend viele Signalwechsel erzeugt, die sicherstellen, dass der Empfänger synchronisiert werden kann. In Kombination mit Ethernet TSN soll auch Gigabit-Ethernet für die industrielle Kommunikation mit hohen Echtzeitanforderungen eingesetzt werden. Gigabit-Ethernet verfügt über eine Datenrate von 1.000 MBit/s. Es gibt zahlreiche Varianten. 1000BASE-T ist die am häufigsten eingesetzte und ermöglicht eine Übertragung über vier Doppeladern aus Kupfer in beide Richtungen. Mit dem Modulationsverfahren PAM-5 (Pulsamplitudenmodulation mit fünf Zuständen) werden zwei Bit pro Schritt und Adernpaar übertragen.

3.2.3 Zwei-Draht-Ethernet (Single Pair Ethernet)

Single Pair Ethernet bezeichnet grundsätzlich die Nutzung nur eines Adernpaares für die Ethernet-Kommunikation. Es gibt verschiedene Varianten und laufende Standardisierungsaktivitäten für die Technologie. Technisch werden die für hohe Datenraten entwickelten Modulationsverfahren für kleinere Datenraten verwendet. Dies ermöglicht letztendlich Vereinfachungen am Übertragungsmedium. Tests zum Einsatz von Single Pair Ethernet für die industrielle Echtzeitkommunikation wurden bereits 2012 unternommen [W14]. Zu diesem Zeitpunkt war die Standardisierung noch nicht abgeschlossen. Die Technologie BroadR-Reach des Unternehmens Broadcom war zu diesem Zeitpunkt aber bereits erhältlich. In einer aus zwei PROFINET IRT-Feldgeräten und einer Steuerung bestehenden Testtopologie wurde die PROFINET IRT-Kommunikation mit einer entsprechend hochgenauen Zeitsynchronisation über eine BroadR-Reach-Single-Pair-Ethernet-Verbindung getestet. Abbildung 18 zeigt den Jitter der IRT-Kommunikation mit der Single-Pair-Ethernet-Verbindung (links) und als Referenz ohne eine zwischengeschalteten Single-Pair-Ethernet-Verbindung (rechts).

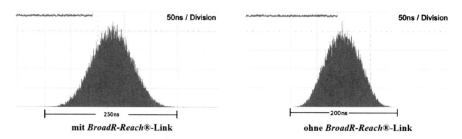

Abbildung 18: Jitter PROFINET IRT über Single Pair Ethernet [W14]

Das Messergebnis der Signalverzögerung beträgt 1,35 µs und stellt bei entsprechender Projektierung für die PROFINET IRT-Kommunikation kein Problem dar. Inzwischen ist die Technologie zu großen Teilen in die IEEE-Standards eingeflossen. IEEE 802.3bw beschreibt Single Pair Ethernet für 100 MBit/s und IEEE 802.3bp für 1 GBit/s. Ergänzend dazu beschreibt IEEE 802.3bu Power over Data Line (PoDL) eine Lösung, um parallel Energie über das Adernpaar zu übertragen. Auch verschiedene Lösungen für 10 MBit/s sind genormt und versprechen zukünftig die Möglichkeit, die Ethernet-Kommunikation auch für einfache und kleine Sensoren zu implementieren [L20-1].

3.3 IEEE 802.1 Higher Layer LAN Protocols (Bridging)

Die im Allgemeinen mit Ethernet TSN bezeichneten Funktionen werden zum größten Teil im IEEE-Standard 802.1 Higher Layer LAN Protocols definiert [802.1]. Einige der Funktionen erfordern neue Dienste aus dem Ethernet MAC-Layer, wie die Funktion Express-MAC [802.3], die in Kapitel 3.2 bereits beschrieben worden ist. Der Standard IEEE 802.1 besteht aus Substandards:

- IEEE 802.1D MAC Bridges
- IEEE 802.1Q Virtual LANs
- IEEE 802.1X Port-Based Network Access Control
- IEEE 802.1AB Station and Media Access Control Connectivity Discovery (LLDP)
- IEEE 802.1AS Timing and Synchronization for Time-Sensitive Applications in Bridged Local Area Networks
- IEEE 802.1CB Frame Replication and Elimination for Reliability

Für diese Arbeit relevant sind IEEE 802.1Q und IEEE 802.1AS. Die anderen Standards enthalten entweder keine für TSN relevanten Funktionen oder sind Standards, die keine Hardwarebeschleunigung erfordern. In diesem Kapitel werden die Funktionen Uhrensynchronisation (IEEE 802.1AS-2020), Virtual LAN (IEEE 802.1Q-2019), Strict Priority (IEEE 802.1Q-2019), Time Aware Shaper (IEEE 802.1Q-2019) und Preemption (IEEE 802.1Q-2019) beschrieben, da sie für diese Arbeit relevant sind. Abbildung 19 zeigt als Überblick die Ethernet-Funktionen als Modell einer IEEE 802.1 LAN-Bridge in Baggy-Pants-Darstellung [PNV2.3]. Das Bild zeigt eine Bridge mit zwei Port und die Signalflüsse. Auf der rechten Seite ist das Senden von Frames aus acht Prioritätenwarteschlagen mit Hilfe des Auswahlverfahrens Strict Priority zusehen. Die Weiterleitungsentscheidung erfolgt auf Basis eines Abgleiches von Adressen mit einer Weiterleitungstabelle (Forwarding Database FDB). Die Einordnung in die acht Prioritätenwarteschlagen erfolgt auf Basis einer VLAN-Priorität.

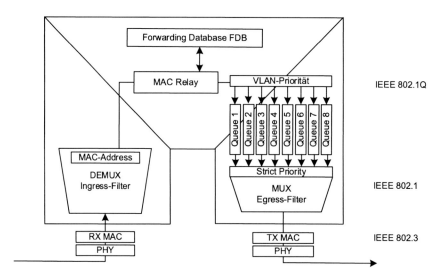

Abbildung 19: IEEE 802.1 LAN-Bridge in Baggy-Pants-Darstellung

3.3.1 Adressierung und Virtual LAN

Die Weiterleitungsentscheidung in Switches wird von Adressen und sogenannten VLAN bestimmt. Diese werden im Folgenden beschrieben.

Adressierung

Ethernet-Frames nutzen eine jeweils sechs Byte lange Ziel- und Absende-MAC-Adresse. Diese MAC-Adressen können eindeutig vom Gerätehersteller verge-bene Adressen oder lokal administrierte Adressen sein. Die Adressierung kann für einen Empfänger (Unicast), mehrere Empfänger (Multicast) oder für alle im Netzwerk befindlichen Geräte (Broadcast) in der MAC-Adresse kodiert werden. Abbildung 20 zeigt den Aufbau einer MAC-Adresse. Die ersten drei Bytes ent-halten die OUI (Organizationally Unique Identifier), mit der eine MAC-Adresse einem Hersteller zugeordnet wird. Die drei folgenden Byte legt der Hersteller für die von ihm produzierten Geräte eindeutig fest.

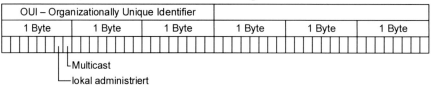

Abbildung 20: Aufbau einer MAC-Adresse

In Full-Duplex-Ethernet-Netzwerken mit Ethernet-Switches sind die Übertra-gungssegmente getrennt [J02]. Es werden nicht alle Frames über alle Segmente übertragen. Welche Frames über welche Verbindungen im Netzwerk weitergeleitet werden müssen, muss konfiguriert werden. Dies kann manuell erfolgen oder von den Switches gelernt werden.

Virtual LAN
Die Funktion Virtual Local Area Network (VLAN) nach IEEE 802.1Q ermöglicht es, physikalische Layer-2-Ethernet-Netzwerke in logisch getrennte Teilnetze zu strukturieren. VLAN-fähige Switches leiten Frames nicht in andere VLANs weiter. Dies kann aus den folgenden Gründen sinnvoll sein:

- Begrenzung von Multicast-Domänen
- gezielte Zuteilung von Ressourcen und Prioritäten (Quality of Service) zu Applikationen oder Netzwerkteilnehmern
- IT-Sicherheit durch Netzsegmentierung

Abbildung 21 zeigt den Aufbau eines Ethernet-Frames mit VLAN-Tag, der zwischen den MAC-Adressen und dem Frametyp eingefügt wird.

Ziel-MAC	Quell-MAC	VLAN-Tag	Type	Nutzdaten	CRC
6 Byte	6 Byte	4 Byte	2 Byte	≤ 1500 Byte	4 Byte

Abbildung 21: Aufbau eines Ethernet-Frames mit VLAN-Tag

Der VLAN-Tag ist 4 Byte lang. 2 Byte enthalten den Identifizierungscode (0x8100), 2 weitere die VLAN-ID (12 Bit) und die VLAN-Priorität (3 Bit). Das VLAN-Prioritätsfeld wird auch mit TCI.PCP abgekürzt. Dies steht für „Tag Control Information Priority Code Point".

3.3.2 MAC-Bridging-Verfahren

Das Weiterleiten von Ethernet-Frames auf der Netzwerkschicht 2 wird MAC-Bridging oder MAC-Switching genannt. Es sind vier verschiedene Weiterleitungsverfahren (Forwarding) bekannt, die verschiedene Eigenschaften mitbringen. Nur ein Weiterleitungsverfahren ist ein IEEE-Standard, die anderen sind teilweise in IEC-Standards beschrieben.

Store and Forward
Das Weiterleitungsverfahren „Store and Forward" ist derzeit der einzige in der IEEE standardisierte Modus, für den entsprechend auch die Interoperabilität mit anderen Ethernet-Funktionen gewährleistet ist. Abbildung 22 zeigt, dass auf dem Empfangsport (RX) zunächst das gesamte Frame empfangen und im Switchspeicher abgelegt wird. Erst im Anschluss daran und nach entsprechend

erfolgter Prüfung auf Bitfehler des Frames wird das Frame auf einem anderen Port abgesendet (TX).

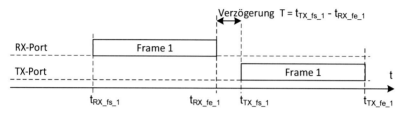

Abbildung 22: MAC-Bridging-Weiterleitungsverfahren Store and Forward

Dieses Verfahren hat den Vorteil, dass nur korrekte Frames weitergeleitet werden und keine fehlerhaften Fragmente im Netzwerk entstehen. Das Verfahren lässt ein asymmetrisches Switching zu. Der Nachteil ist eine von den Framelängen abhängige Latenzzeit.

Cut Through

Das Weiterleitungsverfahren „Cut Through" ist nicht in einem IEEE-Standard standardisiert. Entsprechend ist auch die Interoperabilität mit anderen Ethernet-Funktionen nicht implizit gewährleistet. Abbildung 23 zeigt, dass auf dem Empfangsport (RX) das Frame empfangen und auf einem anderen Port (TX) abgesendet wird, noch bevor es vollständig empfangen worden ist.

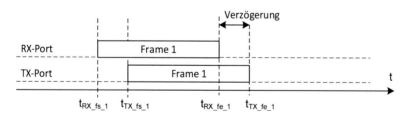

Abbildung 23: MAC-Bridging-Weiterleitungsverfahren Cut Through

Das Cut Through Switching ermöglicht sehr kleine Übertragungszeiten. Voraussetzung dafür ist, dass der Zielport des Switches frei ist. Der Nachteil von Cut Through besteht darin, dass Fragmente im Netzwerk entstehen können. Cut Through kann zudem nur für das symmetrische Switching (gleiche Datenraten der beteiligten Ports) eingesetzt werden.

Fragment Free Cut Through

Das Weiterleitungsverfahren „Fragment Free Cut Through" ist nicht in einem IEEE-Standard festgelegt. Entsprechend ist auch die Interoperabilität mit anderen IEEE-Ethernet-Funktionen nicht gewährleistet. Abbildung 24 zeigt, dass auf dem Empfangsport (RX) das Frame empfangen und nach einer Zeit, die 64 Byte entspricht, mit dem Senden auf einem anderen Port begonnen (TX) wird. 64 Byte entsprechen der für Ethernet definierten kleinsten Framelänge. Wird sie unterschritten, spricht man von einem Fragment. Gegenüber Cut Through Switching hat Fragment Free Cut Through Switching damit den Vorteil, dass keine Fragmente entstehen.

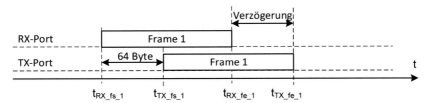

Abbildung 24: MAC-Bridging-Weiterleitungsverfahren Fragment Free

Delayed Cut Through

„Delayed Cut Through" bezeichnet eine Eigenschaft von Cut Through. Der Begriff bezeichnet die Möglichkeit, einen Frame, der gerade noch empfangen wird, dann sofort zu senden, wenn der TX-Port frei wird. Abbildung 25 zeigt dies.

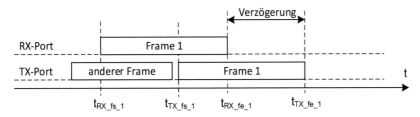

Abbildung 25: MAC-Bridging-Weiterleitungsverfahren Delayed Cut Through

3.3.3 Uhrensynchronisation

IEEE 802.1AS definiert ein Uhrensynchronisationsprotokoll für die Verwendung in paketvermittelnden Netzen. Das Grundprinzip ist ein zyklisches Senden von Zeitinformationen (Synchronisations-Frames) von einem Zeitgeber (Grandmaster GM) zu Zeitnehmern (auch Slaves oder Ordinary Clocks (OCs) genannt) [S07]. Die OCs synchronisieren ihre Uhr auf die empfangene Zeitinformation [J04]. Eine fortlaufende Zeit kann aus der Zählung von Zeitintervallen gebildet werden. Als Zeitintervallgeber mit einer Frequenz f kann z. B. ein mechanisches Pendel oder ein Quarzoszillator eingesetzt werden. Mathematisch entspricht diese Intervallzählung einer Integration der Frequenz, wie Formel 3.1 zeigt [S07].

$$t_{GM}(t) = \int f_{Oszillator\_GM}(t)\, dt \tag{3.1}$$

In Geräten wird ein diskreter Addierer implementiert. Dieser ermöglicht es, den Integrationswert einzustellen (siehe Formel 3.2). Dabei wir die Frequenz f mit einem Stellwert ts (keine Einheit) multipliziert. So entsteht eine Servouhr mit einstellbarer Geschwindigkeit [S07].

$$t_{OC}(t) = \int ts \cdot f_{Oszillator\_OC}(t)\, dt \tag{3.2}$$

Abbildung 26 zeigt die für eine OC notwendigen Signalflüsse und Berechnungen zur Ansteuerung der Servouhr mit dem einheitlosen Stellwert ts.

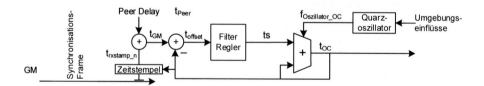

Abbildung 26: Signalflüsse und Berechnungen einer Uhr

Formel 3.3 zeigt, welche Aufgabe der Regler erfüllen muss. Die Zeitabweichung zwischen GM und OC soll möglichst gering sein. Die Frequenzänderungen der jeweiligen Oszillatoren der Geräte (GM und OC) wirken dem entgegen.

$$t_{offset}(t) = \int f_{Oszillator\_GM}(t)\, dt - \int ts \cdot f_{Oszillator\_OC}(t)\, dt \tag{3.3}$$

Mithilfe der vom GM zyklisch versendeten Synchronisationsframes wird die aktuelle Zeit im Netzwerk verteilt. Durch die Übertragungszeiten bzw. Signalverzögerungen altert die Zeitinformation allerdings. Aus diesem Grund wird die Übertragungszeit der Synchronisationsframes bestimmt und kompensiert. Im Bereich der höchsten Synchronisationsgenauigkeitsanforderungen wird mit der Einzelbestimmung der Leitungsverzögerungen und der Verzögerungen der Frames in den Bridges gearbeitet. Diese Zeitkompensation findet in jeder

Bridge statt. Eine Bridge, die eine Zeitinformation ohne einen I-Regler (Integrationsregler) kompensieren kann und damit zu einer besseren Gesamtsynchronisationsgenauigkeit beiträgt, wird als Transparent Clock (TC) bezeichnet. Abbildung 27 zeigt das Protokoll mit der Bestimmung der Signalverzögerung der Ethernet-Leitung (sog. Peer Delay t_{Peer}) sowie der Korrektur der Masterzeit (t_{GM}) der Synchronisationsframes bei Weiterleiten durch die Transparent Clock [802.1AS, J04].

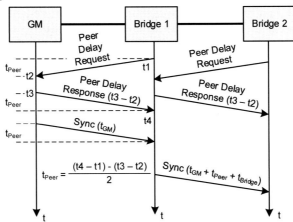

Abbildung 27: Protokollverlauf Zeitsynchronisation

Abbildung 28 zeigt die notwendigen Signalflüsse und Berechnungen einer Transparent Clock [J04].

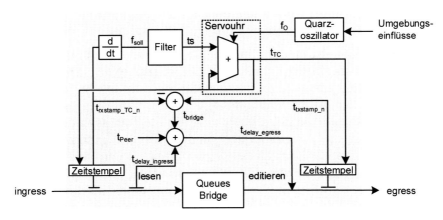

Abbildung 28: Signalflüsse einer Transparent Clock [S14-2]

Die Übertragung der Synchronisationsframes über das Netzwerk wirkt als Totzeit auf die Dynamik der Kopplung zwischen GM und OC. Die Qualität der Zeitinformation wird während der Übertragung durch das Netzwerk reduziert; je nach Güte der Geräte entstehen mehr oder weniger Jitters und Offsets [S07]. Bei der Implementierung von entsprechenden Bridges ist deshalb eine hohe

Anzahl an Faktoren zu berücksichtigen, um eine gute Zeitsynchronisation zu erreichen. Die technischen Entwurfsziele – stabile Oszillatoren zu verwenden, eine hohe Zeitstempelauflösung zu implementieren, eine priorisierte Behandlung von Synchronisationsframes in den Switches und dem Softwarestack – sind eindeutig [S07]. Dazu kommen Regler und Filter mit einer angepassten Dynamik oder Prädiktiv- und Zustandsregler [S14-1]. Was genau zum Einsatz kommt, ist von den Einsatzumgebungen des Gerätes und der Anforderung der Applikation abhängig und weder normiert noch eindeutig beantwortbar. Abbildung 29 zeigt als Beispiel die Reaktion von zwei verschiedenen PROFINET-Geräten auf einen Zeitsprung von 300 ns des GM. Ein Gerät zeigt eine dynamische, das andere eine trägere Reaktion. Beide Geräte sind für PROFINET zertifizierbar. Ein einheitliches Ansprechen von Geräten auf eine Zeitänderung des GM ist für die Anwendungen von Vorteil, für die eine gute Synchronisation der OC untereinander von größerer Bedeutung ist als ein vorübergehender Offset zum Grandmaster. Ein Beispiel ist PROFINET mit dem synchronisierten Medienzugriff und dem Frameaufbauprotokoll Dynamic Frame Packing (DFP) [S13-1].

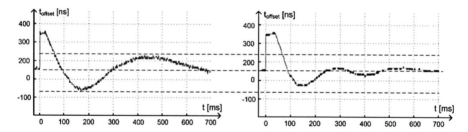

Abbildung 29: Reaktion zweier OC auf einen Zeitsprung des GM [S14-2]

IEEE 802.1AS erlaubt also eine hochpräzise Zeitsynchronisation. Das Protokoll selbst garantiert aber keine Genauigkeit. Die spezifische Synchronisationsgenauigkeit entsteht durch die Eigenschaften der Geräte, die verwendeten Übertragungsmedien, die Netzwerktopologie und die Umgebungsbedingungen. Auf die Genauigkeit wirken dabei unter anderem die Auflösung der Zeitstempel, die Auslegung von Filtern und Reglern der Uhrgeschwindigkeitsregelung und die Frequenzstabilität des eingesetzten Oszillators ein. Die Frequenzstabilität wird als sogenannte Allan-Varianz σ^2 angegeben, die als Differenz der mittleren Frequenz von mindestens zwei Messintervallen τ definiert ist. Die Darstellung erfolgt in doppelt-logarithmischen Sigma-Tau-Diagrammen. Ab einem τ von ca. 0,1 s ist die Frequenz je nach Oszillatortyp häufig zusätzlich stark temperaturabhängig [S07, S10]. Quarzoszillatoren verwenden Schwingquarze (Kristalle), die durch elektrische Spannung zu mechanischen Schwingungen angeregt werden. Die mechanische Schwingung erzeugt wiederum eine elektrische Spannung. Oszillatorbeschaltungen koppeln die erzeugte Schwingung des Quarzkristalls auf die Erregerschwingung zurück. Dies bewirkt, dass die Schaltung mit der Resonanzfrequenz, die konstant, aber temperaturabhängig ist, schwingt. Für eine bessere Frequenzstabilität können temperaturkompensierte Oszillatoren, sogenannte TCXO (Temperature Compensated Crystal Oscillator) oder OCXO (Oven Controlled Crystal Oscillator) eingesetzt werden. Weitere negative Effekte sind kapazitive und induktive Belastungen, die durch die Leitungsführung und die Beschaltungselemente eingekoppelt werden können. Quarze und TCXO zeigen weiterhin bei einer schnellen Temperaturänderung (hohes dϑ/dt) Überschwingeffekte. Bei einem Temperaturschock von −40 auf +80 Grad Celsius wurden Änderungsgeschwindigkeiten der Frequenz von bis zu 3 ppm/32 ms gemessen [S07].

Frequenzstabilisierung durch Erkennung von Anomalien
Bei der Frequenzstabilisierung geht es um eine Kurzzeitstabilisierung im Zeitbereich unterhalb des Synchronisationsintervalls bzw. des Ansprechverhaltens des lokalen Reglers. Dazu wird der Primärtakt f_P *(t)* mit Referenz- bzw. Vergleichstakten f_{Sek} *(t)* verglichen und überwacht. Diese Takte können zum Beispiel von redundanten, möglichst diversen Oszillatoren bezogen werden. Eine weitere Möglichkeit ist die Verwendung der durch die Empfangstaktrückgewinnung erzeugten Takte der Ethernet-PHYs f_{RX} *(t)*. Basis für die Kurzzeitfrequenzstabilisierung ist, alle zur Verfügung stehenden Takte über einen Zeitraum zu beobachten und zunächst das Standardverhalten zu lernen. Das sind die mittleren (Langzeit-) Offsets gemäß Formel 3.4 mit dem Synchronisationsintervall *T* und die Allan-Varianzen gemäß Formel 3.5 der Frequenzen untereinander.

$$\overline{f_{offset}(T)} = \overline{f_P(T)} - \overline{f_{Sek}(T)} \tag{3.4}$$

$$6^2_{P/Sek} = \frac{1}{2}\left(\frac{f_{P_{n+1}}}{f_{Se_{\ n+1}}} - \frac{f_{P_n}}{f_{Sek_n}}\right)^2 \tag{3.5}$$

Aufbauend darauf lassen sich auftretende Kurzzeitänderungen auf der Basis einer Anomalieerkennung rasch feststellen [S15]. Es entsteht so eine Frequenzanomalieerkennung. Abbildung 30 zeigt den Signalfluss. Für das Lernen des Normalverhaltens kann im einfachsten Fall ein Tiefpass verwendet werden. Der Abgleich des Normalverhaltens mit dem aktuell beobachteten Frequenzverhalten, also die Anomalieerkennung selbst, muss je nach Kompensationszyklus in Hardware oder Software erfolgen [S14-2].

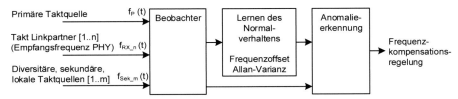

Abbildung 30: Frequenzanomalieerkennung [S13-2]

Wird eine solche Frequenzanomalie erkannt, kann dieses Wissen dem lokalen Regler zugeführt oder können die Abweichungen mit einem unterlagerten Frequenzstabilisierungsregelkreis kompensiert werden. Weiterhin können die Frequenzanomalien über das Netzwerk kommuniziert werden, um Diagnosen oder Reaktionen seitens anderer Geräte auszulösen. Um solche Funktionen zu nutzen, ist die Definition entsprechender Dienste im Standard notwendig. Abbildung 31 zeigt den positiven Effekt einer solchen unterlagerten Kurzzeitfrequenzstabilisierung. Das Synchronisationsintervall beträgt 30 ms. Die unterlagerte Frequenzkompensation mit einem als ideal angenommenen Referenztakt arbeitet dabei mit einem Intervall von 10 ms. Der Frequenzdrift von 1 ppm wird mit der Frequenzkompensation reduziert. Das Fallbeispiel verwendet dabei einen einfachen Mittelwert zwischen f_P und f_{RX}. Die maximale Abweichung wird deutlich kleiner.

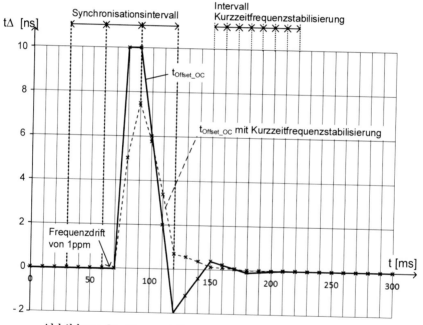

Abbildung 31: Kurzzeitfrequenzstabilisierung [S13-2]

Garantien für die Genauigkeit einer Zeitsynchronisation
Entlang des Synchronisationspfades vom GM zu den OC akkumuliert sich der Synchronisationsfehler, der durch die einzelnen Ungenauigkeiten der TCs entsteht, auf. Die physikalischen Einflussfaktoren sind dabei so vielfältig, dass mathematisch geschlossene Systembeschreibungen nicht möglich sind und auch Simulationen nicht allgemein angewandt werden können, sondern von Experten spezifisch parametriert werden müssen. Insbesondere die Vorhersage und Garantie von Synchronisationsgenauigkeit ist also keine einfache Aufgabe

[S14-1, S14-2]. Sie kann mit Messgeräten, z. B. einem Oszilloskop, bestimmt werden. Voraussetzung ist ein bereits implementiertes und aktives Kommunikationsnetz mit Zeitsynchronisation. Die Messergebnisse sind jeweils nur für den aktuellen Betriebspunkt (Netzlast, Temperatur, Topologie) gültig. Bestimmte Synchronisationsparameter können weiterhin mit in die Geräte integrierten Messmitteln überwacht werden. So wird bei PROFINET z. B. der Jitter zwischen der lokalen Zeit und dem empfangenen Zeitsignal überwacht. Es können so grundsätzliche Fehler in der Synchronisation, aber keine systematischen Offsets zwischen OC und GM festgestellt werden. Eine andere, insbesondere offline einsetzbare Methode ist die Simulation. Dafür ist ein Simulationsmodell des physikalischen Systems notwendig. Tabelle 6 fasst die Methoden und die Eigenschaften noch einmal zusammen.

Tabelle 6: Methoden zur Synchronisationsgenauigkeitsbestimmung

		Methoden		
		Messen	**Simulieren und Berechnen eines Modells**	**Zertifizieren (Gerätequalifizierung durch Messung und Herstellererklärung)**
Eigenschaften	**Voraussetzungen**	Netzwerk ist in Betrieb	Simulationsmodell liegt vor	Standard
	Vorhersagen	nein	ja	ja
	Garantien	ja	ja	ja
	Komplexität	gering	hoch	für den Anwender einfach
	Genauigkeit	hoch	abhängig vom Modell	gering
	Effizienz	hoch	gering	gering

Prognosemodelle Genauigkeit

In [S14-1] wurden einfache mathematische Modelle für Genauigkeitsprognosen vorgestellt und untersucht. Formel 3.6 zeigt ein lineares und Formel 3.7 ein Modell mit einer Potenzfunktion und rationalem Exponenten, welches statistische Zusammenhängen in der Akkumulation der Ungenauigkeiten entlang des Synchronisationspfades mit der jeweiligen Position *i* der Bridge im Synchronisationspfad berücksichtigt. Die Parametrierung von $t_{\Delta TC_i}$ kann [S14-1] entnommen werden. *n* entspricht der Länge des Synchronisationspfades gemessen in der Anzahl der Bridges. An späterer Stelle wird dies noch einmal im Kontext eines Lösungsverfahrens genutzt und im Detail beschrieben.

$$t_{\Delta Prognose}(i) = t_{\Delta GM} + \sum_{i=1}^{n}[t_{\Delta TCi}] \qquad (3.6)$$

$$t_{\Delta Prognose}(i) = t_{\Delta GM} + \sum_{i=1}^{n}\left[\frac{1}{\sqrt[2]{i}} \cdot t_{\Delta TCi}\right] \qquad (3.7)$$

Ein Vergleich von Genauigkeitsbestimmungsverfahren aus [S14-1] ist in Abbildung 32 zu sehen. Abbildung 32 zeigt ein Vergleich der Verfahren.

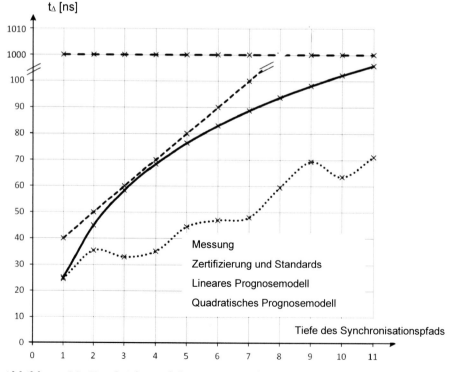

Abbildung 32: Vergleich Verfahren Genauigkeitsbestimmung [S14-1]

Standardisierung der Gerätequalifizierung

Für eine Qualifizierung und Bewertung von Geräten sind einheitliche Metriken und Methoden für den Test der Leistungsfähigkeit notwendig [F11]. Zu den Testmetriken gehören Stimulationsdaten und die erwarteten Reaktionen sowie eine qualitative Einordnung der Reaktionsdaten. Abbildung 33 zeigt, dass zu den Stimulationsdaten die Synchronisationsframes mit Frequenzänderung des GM und Jitter, Umgebungsschwankungen und die Versorgungsspannung gehören. Die Reaktion zeigt sich in den Synchronisationsframes, die gesendet werden, und im Zeitsynchronisationstestsignal.

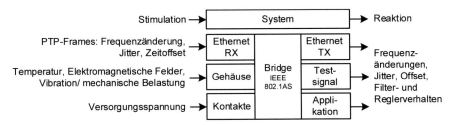

Abbildung 33: Stimulation und Reaktion einer PTP Bridge [S13-2]

Die Einordnung der Standardreaktionen kann nach [S13-2] in Gerätegüteklassen erfolgen. Diese Gerätegüteklassen sind eine Benutzersicht bzw. ein Modell einer komplexen, simulativen oder mathematischen Betrachtung, die bei der Auslegung und Gütebewertung des Netzwerks unterstützt. Abbildung 34 gibt eine Einteilung in vier Klassen wieder, für die jeweils bestimmte Stimulationen zu Reaktionen in entsprechenden Grenzen führen müssen. Höhere Klassen inkludieren dabei alle Eigenschaften der niedrigeren Klassen. Die Leistungsklasse 4 ist eine Klasse, bei der eine Standardreaktion des Reglers gefordert wird.

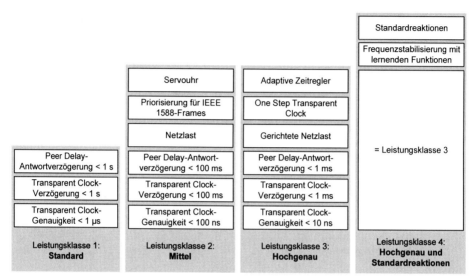

Abbildung 34: Leistungsklassen für Geräte [S13-2]

Zusammenfassung

Die Güte der mit IEEE 802.1AS erreichbaren Zeitsynchronisationsgenauigkeit ist von der Leistungsfähigkeit der eingesetzten Geräte abhängig. Beides macht es dem Anwender schwer, Synchronisationsgütegarantien für ein Netzwerk zu geben, da einerseits die Leistungsfähigkeit von Geräten häufig unbekannt ist und keinem Standard oder keiner Leistungszertifizierung unterliegt, andererseits Einflussfaktoren, wie Temperaturschwankungen und mechanische Belastungen, die über die Quarzoszillatoren in das verteilte Zeitsystem einkoppeln, schwer quantifizierbar sind. Einheitliche Leistungstests und Testmetriken sowie einheitliche Gerätereaktionen machen die Leistung von Geräten anwendertransparent. Geräteleistungsklassen bilden dabei steigende Anforderungslevel für Gerätespezifika wie Zeitstempelauflösung und Netzlastrobustheit ab.

Für die vorliegende Arbeit ist dieser Stand der Technik relevant, da Ethernet TSN auf einer hochgenauen Zeitsynchronisation basiert, welche mit einer bestehenden Hardware umgesetzt werden soll.

3.3.4 Warteschlangenverwaltung (Traffic Shaping)

Von zentraler Bedeutung für das Zeitverhalten und damit der erreichbaren Latenzzeiten eines Ethernet-Netzwerks sind die Methoden, mit denen die Switches bestimmen wann welche Frames gesendet werden. Für die vorliegende Arbeit sind drei der als Traffic Shaper bezeichneten Methoden relevant, die im Folgenden erläutert werden.

Strict Priority Queuing
Strict Priority ist ein Verfahren aus dem Standard IEEE 802.1Q, bei dem der Zugriff auf die Ethernet-MAC-Schicht auf der Sendeseite einer Ethernet-Komponente organisiert werden kann. Abbildung 35 zeigt, dass Ethernet-Frames in Prioritätenqueues einsortiert werden. Gesendet wird immer aus der Queue mit der höchsten Priorität so lange, bis die Queue vollständig geleert ist. Dann wird aus der nächstniedriger priorisierten Queue gesendet und so weiter.

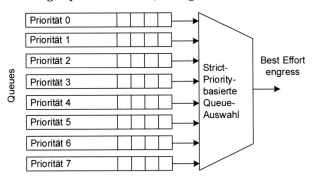

Abbildung 35: Sendereihenfolgeprinzip Strict Priority

Eine Frameübertragung wird nie unterbrochen. Bei einer Datenrate von 100 MBit/s entstehen so z. B. auch für höher priorisierte Frames Wartezeiten von größer als 120 µs, wenn die Übertragung von maximal langen niedrig priorisierten Frames noch abgeschlossen werden muss.

Time Aware Shaping (TAS)
Um eine kleine Latenzzeit erreichen zu können, wurde das Time Aware Shaping (TAS) in den Standard IEEE 802.1Q aufgenommen [802.1]. Die Funktion ermöglicht es, durch eine Konfiguration zu bestimmen, welche Queues zu welchen Zeiten Frames senden können. Dies wird als Queue Masking bezeichnet. Sogenannte Gates sind den Queues vorgeschaltet und unterdrücken das Senden am Ausgangsport („egress") wie Abbildung 36 zeigt.

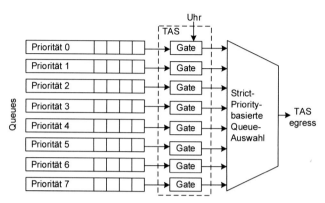

Abbildung 36: Time Aware Shaper

Zu konfigurierbaren Gate-Schaltzeiten (Gate Events) schließen oder öffnen die Gates. Abbildung 37 zeigt ein Beispiel, in der die Queue 6 zu jeder Zeit senden darf, die Queue 5 und weitere Queues hingegen nur zu bestimmten Zeitabschnitten.

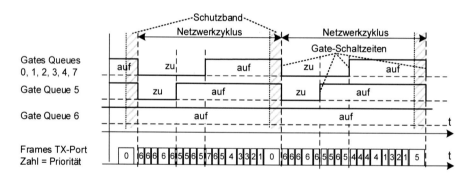

Abbildung 37: Queue Masking und Gate-Events von Time Aware Shaping

Jeweils vor einem Gate-Schaltzeitpunkt wird ein Schutzband (Guard Band GB) aktiviert, das dafür sorgt, dass der Port zum Gate-Schaltzeitpunkt frei ist. Abbildung 38 zeigt die Wirkung der beschriebenen TAS-Mechanismen in Kombination mit Cut Through Switching und Zeitsynchronisation.

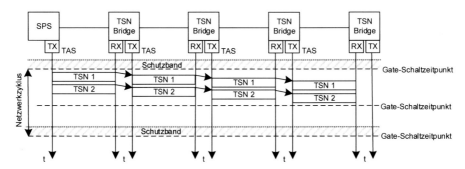

Abbildung 38: Zeitgesteuerter koordinierter Medienzugriff

Preemption

Um eine kleine Latenzzeit erreichen zu können, wurde neben TAS ein zweiter
Mechanismus mit der Bezeichnung Preemption in den Standard IEEE 802.1Q
aufgenommen [802.1]. Preemption ermöglicht es, Frames, die gerade auf einem
Ethernet-Port gesendet werden, zu unterbrechen, um ein höher priorisiertes
Frame zu senden, wie Abbildung 39 zeigt. Ein Frame, das unterbrochen werden
kann, wird als „preemptable" bezeichnet. Ein Frame, das andere Frames unterbrechen darf, als „preemptive".

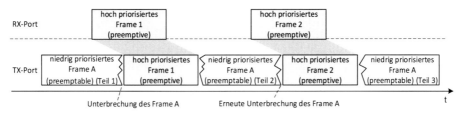

Abbildung 39: Preemption

Für Preemption ist, neben den Erweiterungen im Standard IEEE 802.1Q, der Mechanismus Express-MAC des Standards IEEE 802.3 notwendig. Die minimale
Fragmentlänge von unterbrochenen Frames beträgt 64 Byte. Je nach Datenrate
kann also nicht zu beliebigen Zeiten unterbrochen werden. Aus diesem Grund
eignet sich bei 100 MBit/s TAS für die Erreichung niedrigster Verzögerungszei-
ten besser als Preemption [L20-2]. Bei einer Datenrate von 1 GBit/s sinkt die
Wartezeit der Frames auf den Sendebeginn an einem TX-Port auf < 1 µs. Hier
sind TAS und Preemption vergleichbar leistungsfähig [PNG20].

Strict Priority Queuing, Preemption und Time Aware Shaping in der Gesamtarchitektur

Abbildung 40 zeigt die Zusammenhänge des Medienzugriffs für das Senden auf einer Ethernet-Verbindung (sogenannter TSN Egress) [PNG20] zwischen Preemption, TAS und Strict Priority.

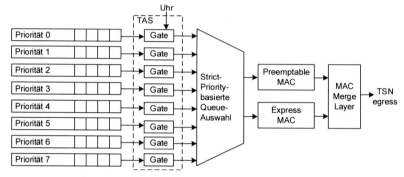

Abbildung 40: Ethernet-Mechanismen Preemption, TAS, Strict Priority

3.4 Ethernet TSN-Profile und Protokollintegrationen

Mit Profilstandards werden aus IEEE Ethernet Standardfunktionen ausgewählt um bestimmte Anforderungen zu bedienen. Profilstandards sind z. B. die folgenden:

- IEEE 802.1BA-2011: Audio Video Bridging (AVB) / Milan
- IEEE 802.1CM-2018: Time-Sensitive Networking for Fronthaul (Mobilfunk-Basisstationen)
- IEEE P802.1DF: TSN Profile for Service Provider Networks
- IEEE P802.1CM: TSN Profile for Fronthaul Networks
- IEEE P802.1DG: TSN Profile for Automotive In-Vehicle Ethernet Communications
- IEC/IEEE 60802: Joint TSN Profile for Industrial Automation
- IEEE P802.1DP: TSN Profile for Aerospace Onboard Ethernet Communications

Die drei Profile Audio Video Bridging, Service Provider Networks und Fronthaul Networks sind verabschiedet, für die anderen laufen die Standardisierungsarbeiten. Die Arbeiten für das TSN Profil Aerospace Onboard Ethernet Communications haben z. B. im Dezember 2020 begonnen und sollen im Jahr 2024 abgeschlossen werden. Tabelle 7 zeigt, wie unterschiedlich TSN-Funktionen und Ressourcen in den Profilen für die Anwendungsgebiete ausgelegt werden. Cut Through ist z. B. nur für das IEC/IEEE 60802-Profil gefordert, bei dem der Traffic Shaper CBS keine Rolle spielt. Das TSN-Fronthaul-Profil arbeitet mit Datenraten von 1 GBit/s, während andere Profile über Datenraten zwischen 10 MBit/s bis 10 GBit/s skalieren.

Mit TSN-Profilen erfolgt eine konkrete Definition einer interoperablen Kommunikationslösung auf der Basis von Ethernet TSN. Somit ist eine TSN-Hardware auch nicht grundsätzlich für jede Anwendung nutzbar. Im sehr preissensitiven Automotive-Markt, der gleichzeitig sehr hohe Stückzahlen verspricht, ist etwa zu erwarten, dass auf diesen Anwendungsfall zugeschnittene, ressourcen- und funktionsoptimierte Chips entstehen. Diese Chips werden dann nicht alle in den IEEE-definierten TSN-Funktionen enthalten und auch nicht für den Automatisierungstechnikmarkt generell nutzbar sein.

3.4.1 TSN-Profil für die industrielle Automation IEC/IEEE 60802

Für die Entwicklung eines TSN-Profils für die industrielle Automation wurde ein gemeinsamer Arbeitskreis der IEC und IEEE mit der Nummer 60802 gegründet [60802ST]. Das „IEC/IEEE 60802 Joint TSN Profile for Industrial Automation" soll neben den Selektionen von Funktionen aus den IEEE-Standards quantitative Aussagen ermöglichen und die Konfiguration sowie die Interoperabilitätsanforderungen beschreiben. Zieltermin für die Fertigstellung des Standards ist Ende 2022.

Der Arbeitskreis hat 35 Anwendungsfälle definiert [60802UC18]. In Kapitel 2 dieser Arbeit wurden davon die 15 für diese Arbeit relevanten Anwendungsfälle bereits beschrieben. Aus diesen Anwendungsfällen wurden Systemanforderungen abgeleitet [60802R18], die ebenfalls in Kapitel 2 genannt worden sind. Tabelle 8 zeigt die daraus abgeleiteten TSN-Funktions- und Ressourceselektionen für Geräte [60802ES20], mit denen diese Systemanforderungen erfüllt werden sollen. Dies ist für die vorliegende Arbeit besonders relevant. Dargestellt wird in der Tabelle der Vorschlag des Unternehmens Siemens für die IEC/IEEE 60802, der in [60802ES20] mit „SI" abgekürzt ist. Er entspricht PROFINET over TSN.

Tabelle 7: Übersicht publ. TSN-Profile und Entwürfe für TSN-Profile [S18-1]

Protokolle, die in Verbindung mit dem Profil verwendet werden	AoE AES67 IEEE 1722	AUTOSAR [B18]	Telecom CPRI 7.0 [F18] IEEE 1904/ 1914	PROFINET OPC UA [PNV2.4] IEC 61784
Profil	**Audio Video Milan** IEEE 802.1BA 2011 publiziert	**Automotive** IEEE P802.1DG	**Fronthaul** IEEE P802.1CM 2018 publiziert A B	**Industrial Automation** IEEE/IEC 60802 TSN-IA Draft 1.2 2020
Datenrate IEEE 802.3	nicht definiert	10 MBit/s –10 GBit/s	≥ 1 GBit/s	10 MBit/s –10 GBit/s
Frame-Identifikation	MAC + VLAN	MAC + VLAN	MAC + VLAN	MAC + VLAN
FDB: VLAN-ID, MAC IEEE 802.1Q	gefordert	gefordert	gefordert	4.096 Adressen
Queues	8	8	8	8
Traffic Shaper — Strict Priority IEEE 802.1Q	gefordert	gefordert	gefordert	gefordert
Traffic Shaper — Credit Based Shaper IEEE 802.1Qav	gefordert	gefordert	nicht gefordert	nicht gefordert
Traffic Shaper — Time Aware Shaper IEEE 802.1Qbv	nicht gefordert	gefordert	nicht gefordert	für 10 MBit/s und 100 MBit/s
Frame Replication and Elimination IEEE 802.1CB	nicht gefordert	gefordert	nicht gefordert	gefordert
Preemption IEEE 802.1Qbu Express MAC IEEE P802.3br	nicht gefordert	gefordert	nein	j für 10 MBit/s a bis 2,5 GBit/s
Zeitsynchronisation IEEE 802.1AS	ja	ja	ja	j ± 1 µs a Genauigkeit
Netzwerkzugang	freilaufend	freilaufend	freilaufend	synchronisiert
Switchmode — Store and Forward IEEE 802.1Q Speicher je Port	gefordert	gefordert	gefordert	6,25 kByte (100 MBit/s) 25 kByte (1 GBit/s)
Switchmode — Cut Through Latenz	nicht gefordert	nicht gefordert	nicht gefordert	< 3 µs (100 MBit/s) < 1 µs (1 GBit/s)

Tabelle 8: Auswahl aus IEEE-Standards für das IEC/IEEE 60802-Profil

Eigenschaft	Klassifika-tion	Beispielauswahl Spalte "SI"
Datenraten	Auswahl	10 MBit/s, 100 MBit/s, 1 GBit/s, 2,5 GBit/s, 5 GBit/s, 10 GBit/s
Frame-Größe	Quantität	1532 Byte
Kabellänge	Information	mindestens 100 m
Stream-Identifikation	Auswahl	
Ziel-MAC + TCI.VID	Funktion	unterstützt
Queues	Quantität	8
Zugewiesene Prioritäten	Quantität	unterstützt
VLAN-Identifikation	Quantität	8 VLAN IDs
Individuelles VLAN-Lernen	Funktion	unterstützt
Lernen abschaltbar für bestimmte VLAN	Funktion	unterstützt
Standardweiterleitungsverhalten für VLAN-IDs, die TSN-Funktionen nutzen	Funktion	verwerfen
FDB-Größe	Quantität	8.192 statische MAC-Adresseneinträge für TSN und 2.048 dynamische für andere VLAN
Sendeselektionssteuerung	Auswahl	Strict Priority
zeitgesteuerte Kommunikation (Scheduled Traffic)	Auswahl	
Größe Gate Control List	Quantität	3 Einträge
Auslösung TAS-Steuerung	Quantität	10 ns
Konfigurierbarer Netzwerkzyklus	Quantität	100 MBit/s: 250 µs bis 1 ms $\geq$ 1 GBit/s: 31,25 µs bis 1 ms
Auslösung zeitgesteuertes Senden	Quantität	10 ns
Maximaler Abstand für hintereinander gesendete Frames	Quantität	IPG (Inter Packet Gap)
VLAN-Prioritäten ändern (PCP)	Funktion	unterstützt
VLAN-Tag entfernen und hinzufügen	Funktion	unterstützt

Eigenschaft	Klassifika-tion	Beispielauswahl Spalte "SI"
Preemption	Funktion	unterstützt
Größe erstes Fragment	Quantität	128 Byte
Echtzeitkommu-nikationsklasse HIGH (Scheduled Traffic)	Quantität	≥ 1 GBit/s: maximal 200 µs langes Zeit-fenster für 1 ms Netzwerkzyklus 100 MBit/s: maximal 500 µs langes Zeitfenster für 1 ms Netzwerkzyklus
Echtzeitkommu-nikationsklasse LOW (Ressourcengarantie)	Quantität	≥ 1 GBit/s: maximal 200 µs langes Zeit-fenster für 1 ms Netzwerkzyklus 100 MBit/s: maximal 500 µs langes Zeitfenster für 1 ms Netzwerkzyklus
Echtzeitkommunikation RT (priorisiert)	Quantität	≤ 100 MBit/s: Minimum 6,5 kByte Pufferspeicher je Port ≥ 1 GBit/s: Minimum 25 kByte Pufferspeicher je Port
Best-Effort-Kommunikation	Quantität	≤ 100 MBit/s: Minimum 6,5 kByte Pufferspeicher je Port ≥ 1 GBit/s: Minimum 25 kByte Pufferspeicher je Port
Herstellerspezifisches Cut Through	Zusätzliche Funktion	
Delayed Cut Through	Funktion	unterstützt
Anzahl Queues, die Cut Through unterstützen	Quantität	8

3.4.2 PROFINET over TSN

Forschungsarbeiten aus dem Jahr 2011 haben bereits die Nutzung von Ethernet AVB-Funktionen (Audio-Video-Bridging) für PROFINET untersucht [S11]. Deutlich wurden dabei die Grenzen des Credit-based Traffic Shapers (CBS) für die niedriglatente Kommunikation [S11]. Mit dem CBS lassen sich die Anforderungen der industriellen Automation nicht erfüllen. Im Jahr 2019 wurde auf der Basis der IEEE-Ethernet-Weiterentwicklungen TSN in PROFINET integriert. Der entsprechende PROFINET-Standard V2.4 wurde im Jahr 2019 verabschiedet [PN2.4]. PROFINET over TSN wurde dabei an die aktuelle IEC/IEEE 60802-Standardisierung angelehnt und soll dabei in Zukunft so weitergestaltet werden, dass PROFINET mit einem IEC/IEEE 60802-Netzwerk funktioniert [PNG20]. PROFINET over TSN lässt damit Konvergenz zu, sodass beliebige weitere Protokolle das TSN-Netzwerk inklusive aller Kommunikationsklassen nutzen können. PROFINET definiert die Nutzung der Kommunikationsklassen gemäß Tabelle 9. Es gibt drei Kommunikationsklassen mit spezifischen Echtzeiteigenschaften: PROFINET RT HIGH für synchrone Applikationen auf der Basis von geplanter, zeitgesteuerter Kommunikation (Scheduled Traffic) mit kleinen Zykluszeiten und PROFINET RT LOW mit Ressourcenschutz [PNG20], und PROFINET RT, dass dem bereits existierenden PROFINET RT entspricht. PROFINET RT nutzt eine Priorisierung, aber bedient sich keiner TSN-Funktion.

Tabelle 9: PROFINET over TSN-Kommunikationsklassen [PNG20]

Queue-nummer	Priorität TCI.PCP	Queue-Inhalt	TSN-Nutzung und Typ	preemptiv
0	0	Kommunikation, die durch die TSN-Domäne durchgeleitet (transferiert) wird		
1	1			
2	2	Verbindungsaufbau		
3	3	azyklische Kommunikation, die nicht TSN nutzt, wie z. B. Alarme	nein	nein
4	4	zyklische Echtzeitkommunikation RT		
5	7	Synchronisation und Netzwerkmanagement		
6	5	zyklische Echtzeitkommunikation LOW (TSN)	ja, LOW	nein/ja[1]
7	6	zeitgesteuerte und zeitgeplante zyklische Echtzeitkommunikation (Scheduled Traffic) HIGH (TSN)	ja, HIGH	ja

[1] Eine zyklische Echtzeitkommunikation (Typ LOW) kann dann „preemptiv" sein, wenn keine zeitgesteuerte Echtzeitkommunikation (Typ HIGH) konfiguriert ist.

Die Nutzung von TSN-Funktionen für die verschiedenen Kommunikationsklassen ist wie folgt festgelegt: PROFINET HIGH-Kommunikation nutzt für 100 MBit/s-Verbindungen den zeitgesteuerten Medienzugriff Time Aware Shaper und für Gigabit-Verbindungen Preemption. Der Zugriff auf das Netzwerk erfolgt zeitgesteuert, was als synchronisierter Netzwerkzugang bezeichnet wird. PROFINET LOW nutzt auf 100 MBit/s-Verbindungen ebenfalls Time Aware Shaper. Es wird zeitlich nach der HIGH-Kommunikation übertragen. Bei Gigabit-Verbindungen wird für LOW-Kommunikation Preemption genutzt, wenn keine HIGH-Kommunikation projektiert ist. Der Zugriff auf das Netzwerk erfolgt ebenfalls zeitgesteuert. Abbildung 41 zeigt, wie das Time Aware Traffic Shaping bei PROFINET verwendet wird. Die LOW-Queue und die weiteren 6 Queues können für ein konfiguriertes Zeitfenster nicht senden. Es entsteht ein exklusives Zeitfenster für die HIGH-Kommunikation.

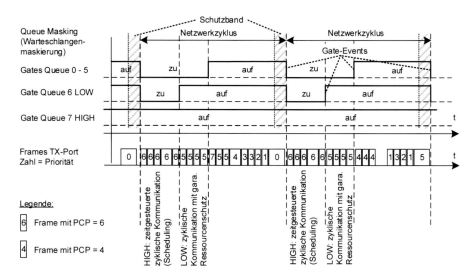

Abbildung 41: Time-Aware-Shaper-Nutzung PROFINET

Abbildung 42 macht an einem Beispiel deutlich, wie die TSN-Mechanismen TAS für die Datenrate 100 MBit/s und Preemption für Verbindungen mit einer Datenrate von 1 GBit/s verwendet werden und wie die Belegung der Übertragungsmedien aussieht. Die Zeitsynchronisation und der TAS bewirken, dass alle Geräte am Beginn eines neuen Netzwerkzyklus die echtzeitkritischen (HIGH- und LOW-) Frames übertragen, die dann nicht von (Best-Effort-) Frames gestört werden. Bei Preemption ist eine solche Vorplanung nicht notwendig. Best-Effort-Frames werden durch echtzeitkritische Frames unterbrochen. Da Preemption einen Port also nicht für einen ganzen Zeitbereich sperrt, können immer dann Best-Effort-Frames übertragen werden, wenn keine Echtzeit-Frames übertragen werden müssen. Insbesondere in Netzwerken, die eine Kombination der beiden Datenraten 100 MBit/s und 1 GBit/s verwenden, führt diese Kombination zu einer guten Bandbreitennutzung [L20-2].

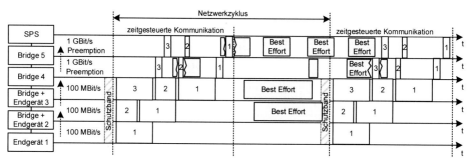

Abbildung 42: TSN-Kommunikation mit verschiedenen Datenraten

In Abbildung 43 findet sich das Modell einer IEEE 802.1Q-Bridge mit TSN-Funktionen im Detail. Das Zeitdiagramm gibt die Belegung des Ethernet-Mediums als Beispiel wieder. Auf der Empfangsseite (links) ist die VLAN-ID- und die MAC-Adressprüfung zu sehen. Auf der Sendeseite (rechts) sind die acht Queues, das durch die synchronisierte Uhr gesteuerte Queue Masking und der Zugriff auf den Port über Strict Priority dargestellt. In der hier gezeigten zeitlichen und beispielhaften Belegung der Ethernet-Verbindungen (unten) ist zu erkennen, dass die Bridge im Cut-Through-Modus arbeitet. Eines der Best-Effort-Frames wird zwischengespeichert, da der Port mithilfe der Schutzbandfunktion für den Beginn der nächsten Phase mit zeitgesteuerter Kommunikation freigehalten werden muss.

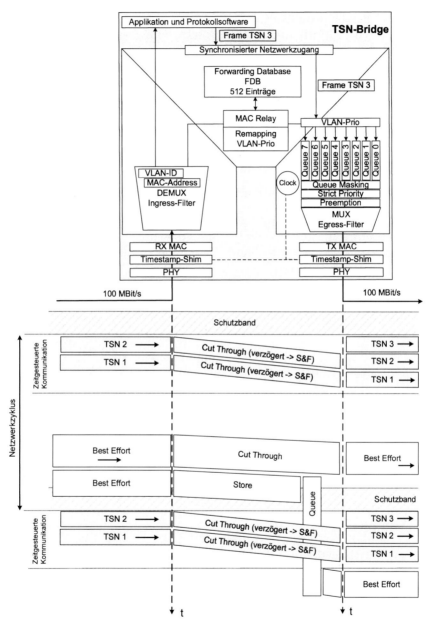

Abbildung 43: IEEE 802.1-LAN-Bridging-Modell mit TSN-Funktionen

Abbildung 44 zeigt das Modell einer IEEE 802.1Q-Bridge mit einem Port mit einer Datenrate von 1 GBit/s und eines Zeitdiagramms. Der auf der rechten Seite
dargestellte Port mit einer Datenrate von 1 GBit/s nutzt Preemption, um die
hoch priorisierten Frames zur richtigen Zeit weiterzuleiten. Der Port auf der
linken Seite hat eine Datenrate von 100 MBit/s.

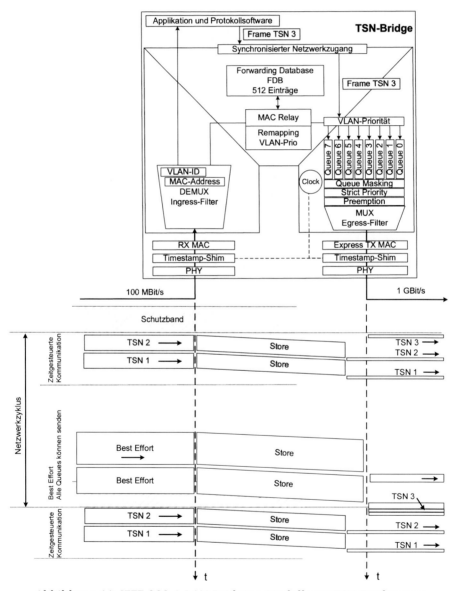

Abbildung 44: IEEE 802.1-LAN-Bridging-Modell mit TSN-Funktionen

Adressierung und VLAN-Schema

In Abbildung 45 ist der Aufbau eines PROFINET over TSN-Frames dargestellt. Der Netzwerkpfad wird anhand der Zieladresse (Destination Address) und der VLAN-ID ausgewählt. Die Kommunikationsklasse wird im Prioritätenfeld im VLAN-Tag (PCP) kodiert.

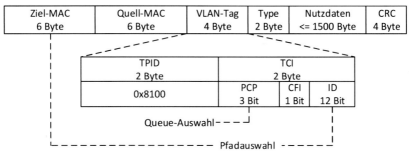

Abbildung 45: Frameaufbau PROFINET

PROFINET over TSN-Netzwerke werden zentral verwaltet. Die Pfade von PROFINET LOW- oder PROFINET HIGH-Frames werden also explizit in die einzelnen Bridges eingetragen. Ein Lernen von Adressen dieser Frames wird nicht durchgeführt. PROFINET LOW- und PROFINET HIGH-Frames nutzen spezifische VLAN-IDs, für die das Weiterleitungsverhalten nicht Fluten und Lernen, sondern Verwerfen ist, wenn kein Eintrag in der Adresstabelle vorliegt. Tabelle 10 gibt hierzu eine Übersicht.

Tabelle 10: Weiterleitungsregeln für VLAN-Topologien

VLAN-Topologie	VLAN-ID	Lernen	Weiterleitungsverhalten für Frames, für die kein Eintrag in der Adresstabelle existiert
Default (Best Effort)	0x0000	individuell	Fluten (Weiterleiten)
Kommunikationsklasse RT	0x0000	individuell	Fluten (Weiterleiten)
Konfiguration/ Netzwerkmanagement	0x0100	individuell	Fluten (Weiterleiten)
Kommunikationsklasse LOW	0x0101		
Kommunikationsklasse LOW Redundant	0x0102	abgeschaltet	Verwerfen
Kommunikationsklasse HIGH	0x0103		
Kommunikationsklasse HIGH Redundant	0x0104	abgeschaltet	Verwerfen

PROFINET over TSN-Domänenschutz

Die Vergabe von Übertragungsressourcen erfolgt also zentral. Die VLAN-PCP-Codes kennzeichnen die Frames, die auf bestimmte Ressourcen zugreifen. An den Grenzen von TSN-Domänen muss entsprechend darauf geachtet werden, dass keine unbekannten Netzwerkteile oder Geräte Frames in das Netzwerk einspeisen, die sich dieser VLAN-Prioritäten (und damit Netzwerkressourcen) bedienen. Dies können z. B. PROFINET V2.3-Netzwerke sein, die ihre PROFINET RT-Frames auf VLAN-Priorität 6 senden. Abbildung 46 zeigt, dass der PROFI-NET-Standard V2.4 zum Schutz von TSN-Domänen an den TSN-Domänengrenzen eine Schutzfunktion (DS) definiert.

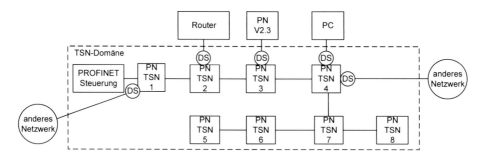

Abbildung 46: TSN-Domänenschutz

Die Schutzfunktion besteht aus einem Umschreiben (Remapping) der VLAN-Priorität gemäß Tabelle 11.

Tabelle 11: VLAN-Prioritäten-Remapping [PNG20]

Priorität des Frames, das in die TSN-Domäne geleitet wird (TCI.PCP)		Neue Priorität (TCI.PCP) Portkonfiguration „Standard"		Neue Priorität (TCI.PCP) Portkonfiguration „Brownfield"	
Kommunikation, die durch die TSN-Domäne nur durchgeleitet wird	0 →				
Kommunikation, die durch die TSN-Domäne nur durchgeleitet wird	1 →				
Konfiguration	2 →	0	Kommunikation, die durch die TSN-Domäne durchgeleitet wird (transferiert)	0	Kommunikation, die durch die TSN-Domäne durchgeleitet wird (transferiert)
Netzwerkmanagement	2 →				
Andere zyklische oder azyklische Kommunikation, die nicht TSN nutzt, wie z. B. Alarme, PROFINET RT	3 →				
Azyklische Frames	4 →				Kommunikation, die durch die TSN-Domäne durchgeleitet wird (transferiert)
Zyklische Echtzeitkommunikation LOW (TSN)	5 →	1	Kommunikation, die durch die TSN-Domäne durchgeleitet wird (transferiert)	1	
Zeitgesteuerte zyklische Echtzeitkommunikation (Scheduled Traffic) HIGH (TSN) oder PROFINET RT	6 →			4	PROFINET RT
Synchronisation und Netzwerkmanagement	7 → 1[1]	1[1]	Synchronisation und Netzwerkmanagement	1[1]	Synchronisation und Netzwerkmanagement

[1] Erkennung anhand von Protokollidentifikation und Behandlung gemäß Protokollvorgaben

PROFINET over TSN-Kommunikation über mehrere TSN-Domänen
Eine PROFINET TSN-Kommunikationsverbindung kann mehrere TSN-Domänen durchlaufen. Dazu ist neben der Abstimmung der für die jeweilige TSN-Domäne zuständigen Netzwerkmanagementeinheiten (NME) untereinander am Übergang von der einen in die andere Domäne eine Übersetzung (Stream Translation ST) der Frames notwendig. Abbildung 47 macht dies deutlich. Hier wird für die entsprechend konfigurierten Frames kein Prioritäten-Remapping an der TSN-Domänengrenze ausgeführt, sondern die jeweilige Übersetzung, die ein alternatives Remapping der VLAN-Priorität enthalten kann.

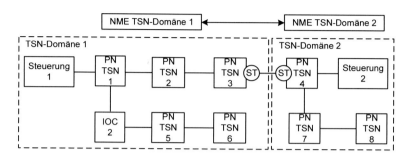

Abbildung 47: Gekoppelte TSN-Domänen

PROFINET over TSN-Netzwerk mit mehreren Steuerungen
Wie in Abbildung 48 zu erkennen ist, ermöglicht PROFINET over TSN es, dass
mehrere Steuerungen in einer TSN-Domäne arbeiten können. Die beiden Steuerungen erscheinen hier einmal in Weiß und einmal in Grau. In einer solchen
Topologie kann es Switches geben, die Frames von beiden Steuerungen weiterleiten. In der Beispieltopologie sind das die Switches mit der Bezeichnung PN
TSN 12, die entsprechend zweifarbig dargestellt sind.

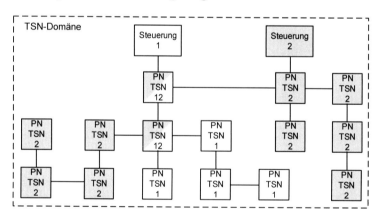

Abbildung 48: Mehrere Steuerungen in einer Ethernet TSN-Domäne

3.5 Ethernet-Hardware für die industrielle Kommunikation

Ethernet-Schnittstellen und Ethernet-Switching erfordern grundsätzlich eine geeignete Hardware, da die Daten mit der Kommunikationsdatenrate („Wire-Speed") verarbeitet werden müssen. Da die in den IEC-Standards definierten Echtzeit Ethernet-Systeme der Klasse 3 Echtzeitfunktionen definieren, die nicht in den IEEE-Standards enthalten sind, ist hier grundsätzlich eine spezifische Hardware notwendig. Im Vergleich zu anderen Branchen sind jedoch die Stückzahlen dieser Hardware für die industrielle Automation eher gering. Zudem wollen die Hersteller häufig verschiedene Echtzeit-Ethernet-Dialekte unterstützen. Aus diesem Grund findet sich in der Branche eine Vielfalt an Umsetzungsmöglichkeiten von Hardware. Neben voll paralleler Hardware mit FPGAs [F12-1] oder ASICs [TPS1] sind Lösungen mit parametrierbaren Mikromaschinen entstanden [N09], die als Multiprotokolllösungen verschiedene Echtzeit-Ethernet-Protokolle unterstützen.

3.5.1 Feldgerätetypen

In der industriellen Automation sind verschiedene Typen von Feldgeräten entwickelt worden [S18-2]. Unterteilt werden können sie zunächst in die beiden Schutzklassen IP20 und IP67. Ein IP20-Gerät ist für die Montage in einem Schaltschrank vorgesehen. Es ist nicht gegen Wasser oder stärkere mechanische Belastung geschützt. Ein IP67-Gerät kann ohne einen Schaltschrank an einer Maschine montiert werden. Bei ihm gibt es einen Schutz vor Nässe, und es ist generell mechanisch robuster konstruiert. Feldgeräte können modular oder als Blockfeldgeräte konstruiert sein. Modulare Feldgeräte nutzen einen sogenannten Buskopf mit einer Feldbus- oder Ethernet-Schnittstelle, an den über einen Rückwandbus Applikationsmodule angeschlossen werden. Bei Blockfeldgeräten sind die Feldbus- oder die Ethernet-Schnittstelle direkt mit der Applikationselektronik und der Software in einem Gerät integriert. Die Feldgeräteapplikationen sind vielfältig. Standardbeispiele sind digitale oder analoge Eingänge und Ausgänge jeweils mit verschiedenen Strom- und Spannungseigenschaften, Filtermöglichkeiten und Vorverarbeitungsfunktionen. Ein anderes Beispiel ist die Antriebselektronik in verschiedenen Leistungsklassen und mit verschiedenen Antriebsregelungsarchitekturen. Diese Regelungen können lokal im Feldgerät implementiert werden oder eine Regelschleife über das Kommunikationssystem nutzen, um mehrere Antriebe zu synchronisieren. Neben diesen Feldgeräteapplikationen werden zunehmend auch z. B. Energiemessgeräte, Netzteile oder Bedienelemente wie Joysticks und Sensoren [L20] direkt mit einer Feldbusschnittstelle ausgerüstet.

3.5.2 Nicht rekonfigurierbare Hardware

Für Echtzeit-Ethernet-Systeme wurden verschiedene ASICs (Application Specific Integrated Circuit) bzw. ASSPs (Application Specific Standard Product) entwickelt und werden am Markt angeboten. Das Unternehmen Siemens hat zum Beispiel die Chips ERTEC 200, ERTEC 400 und ERTEC 200P im Angebot, die PROFINET IRT unterstützen. Gemeinsam mit Phoenix Contact hat Siemens den TPS-1 (Tiger Profinet Chip 1) für sehr kostensensitive PROFINET-Geräte entwickelt [TPS-1]. Abbildung 49 zeigt, dass mit dem TPS-1 sehr kleine Platinendesigns möglich sind.

Abbildung 49: PROFINET IRT-Hardware: TPS-1 ASIC

Der TPS-1 besitzt eine integrierte CPU, die den PROFINET-Stack ausführt. Er unterstützt die PROFINET-Kommunikationsklassen RT und IRT [TPS-1]. Der Chip hat zwei externe 100-MBit/s-Ports mit integrierten PHY-Transceivern. Der integrierte IRT-Switch unterstützt 8 Prioritätenwarteschlangen (Queues). Die Verzögerung des Cut-Through-Switches beträgt 3 µs. Das Gehäuse ist ein 15 mm x 15 mm-FPBGA (Fine Pitch Ball Grid Array) mit 1-mm-Ball-Pitch und 196 Pins [G19]. Als Applikationsschnittstelle bietet der TPS-1 48 GPIOs (General Purpose Input Output), die individuell konfiguriert werden können, eine 8- oder 16-Bit-Host-Schnittstelle und eine serielle Host-Schnittstelle [TPS-1]. In Abbildung 50 lässt sich die Hardwarearchitektur des TPS-1 nachvollziehen.

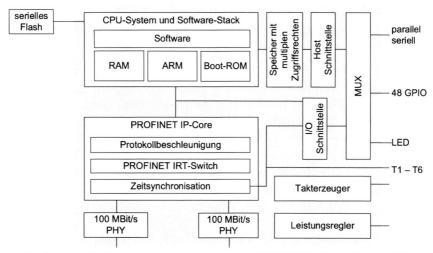

Abbildung 50: Hardwarearchitektur des PROFINET-Chips TPS-1 [TPS-1]

Neben dem Ethernet-Switching inklusive der von PROFINET definierten IRT-Er-weiterung für deterministisches Ethernet-Bridging sind Hardwarefunktionen für die Applikation selbst vorhanden. Der TPS-1 hat eine maximale Leistungs-aufnahme bzw. -abgabe von 800 mW und ist damit für sehr kleine Feldgeräte, wie z. B. IP 67, besonders gut geeignet. Intern ist der Chip aus zwei Silizium-Dies (Siliziumplättchen) aufgebaut, die durch eine SIP-Lösung (System-in-Pack-age) zu einem ASIC zusammengeführt wurden: Ein 100 MBit/s-Dual-PHY ist in 150 nm-Technologie gefertigt. Beim ARM-Subsystem inkl. der PROFINET-Hard-ware-Unterstützung hingegen wird eine Strukturgröße von 90 nm verwendet.

Grundsätzlich bietet die Einführung einer kleineren Fertigungsstruktur für Mikroelektronik Vorteile. Die Packungsdichte der Transistoren steigt quadra-tisch mit fallender Strukturgröße. Eine DRAM-Zelle umfasste im Jahr 1990 zwei Transistoren und nahm etwa 200 μm^2 bei einer Strukturgröße von 2 μm ein. Heute besteht sie aus einem Transistor und benötigt ca. 150 nm^2 bei einer Strukturgröße von 22 nm ein. Weiterhin fällt die Betriebsspannung mit fallen-der Strukturgröße und die maximale Schaltfrequenz steigt. Die Verlustleistung pro Gatter und Schaltvorgang geht mit fallender Strukturgröße ebenfalls zu-rück. Die Robustheit gegenüber ionisierender Strahlung steigt. Die Entwicklung der Größenordnung von Chips kann den folgenden Beispielen entnommen wer-den:

- Intel 4004 von 1971: 10 μm
- Intel 386SX von 1984: 1,5 μm
- Intel Pentium I 200 von 1996: 0,35 μm
- AMD Athlon K7 von 1999: 180 nm
- Renesas TPS-1 von 2011: 90 nm und 120 nm (Dual Package, SIP)
- NXP LS1028 von 2019: 28 nm (bei TSMC-gefertigten TSN-Chips)

- Qualcom/TSMC Snapdragon 8150 von 2019: 7 nm
- TSMC: 6 nm ab Ende 2020
- TSMC: Beginn Serienfertigung 3 nm: angekündigt für das Jahr 2022

Aus Sicht von heute im Einsatz befindlichen Fertigungsstrukturen von z. B. 7 nm bei den Fertigungsunternehmen TSMC (Taiwan Semiconductor Manufacturing Company) oder Qualcom sind die Fertigungsstrukturen von Ethernet-Chips für die industrielle Automation häufig nicht aktuell. Dazu kommt, dass die heutigen Echtzeit-Ethernet-Systeme und -Feldgeräte noch Jahre oder sogar Jahrzehnte geliefert werden müssen und die Absatzzahlen dieser Geräte- und Systemgeneration mit aus Sicht der aktuellen Mikroelektronik veralteten Technologien weiter steigen (Jahr 2020) [PI20].

3.5.3 Rekonfigurierbare und programmierbare Hardware

Aufgrund der Vielfalt an Echtzeit-Ethernet-Systemen und aufgrund der vielen verschiedenen Echtzeit-Applikationen haben FPGA-basierte Produkte in der industriellen Automatisierungstechnik Verbreitung gefunden [F12-1, AX15, RO17]. Für Echtzeit-Ethernet-Systeme wie EtherCAT oder Powerlink werden IP-Cores am Markt angeboten. Neben der Flexibilität, durch die Rekonfiguration des FPGA mit einem anderen IP-Core ein anderes Protokoll unterstützen zu können, kann die Datenankopplung der Applikation, die häufig individuell ist, in der jeweiligen Hardware implementiert werden. In [F12-1, F12-2] werden verschiedene Hybrid-Architekturen diskutiert, welche die Vorteile von ASICs mit denen von FPGAs kombinieren. Spezifische Echtzeit-Kommunikationsfunktionen werden dabei in FPGAs implementiert. In ASICs werden hingegen die nach IEEE genormten Ethernet-Funktionen implementiert. Auch für Ethernet TSN werden IP-Cores entwickelt und angeboten. Das Unternehmen Xilinx bietet zum Beispiel einen 100 MBit/s-TSN-IP-Core mit 4 Ports an.

Eine Alternative zu FPGAs sind ASICs mit programmierbarer Ethernet-Verarbeitung. Am Markt verfügbare Produkte sind z. B. die Produktfamilie netX des Unternehmens Hilscher [N09] oder Sitara des Unternehmens Texas Instruments. Durch einen Mikrocode kann die jeweilige Hardware dabei so konfiguriert werden, dass verschiedene Echtzeit-Ethernet-Varianten unterstützt werden. Man spricht dabei auch von Multiprotokollchips. Ein ASIC der Hilscher-netX-Serie ist der netX 90 [N09]. Dieser ist mit einem 144-Pin-BGA-Gehäuse in den Abmessungen von 10 mm x 10 mm lieferbar. Er hat zwei Ports mit einer Datenrate von 100 MBit/s, einen integrierten Flash-Speicher, intergierte PHY-Transceiver und zwei integrierte ARM Cortex M4-CPUs [N09].

3.6 Planung und Konfiguration von Ethernet TSN-Netzwerken

Ethernet TSN-Netzwerke müssen geplant und konfiguriert werden [TSNZ19]. In diesem Kapitel werden die grundsätzlichen Anforderungen, Prozesse und Architekturen beschrieben. Diese grundsätzlichen Elemente der TSN-Konfiguration sind für diese Arbeit relevant, da ein Teil der entwickelten Kompatibilitätsverfahren entsprechende Ergänzungen in den Konfigurationsmechanismen erfordern. Weiterhin wird auf das Scheduling eingegangen. Dieses Wissen ist für die vorliegende Untersuchung im Bereich der Validierung relevant.

3.6.1 Planung eines Ethernet TSN-Netzwerks

Die Planung eines Ethernet TSN-Netzwerks unterscheidet sich von einer IT-Netzwerkplanung. Bei einer IT-Netzwerkplanung werden auf der Basis von Anforderungen eine Topologie und Gesamtarchitektur, ein Sicherheitskonzept, Dienstgüten (QoS), ein Adressierungsschema und Verfügbarkeitskonzepte festgelegt. Die Netzwerke stellen grundsätzlich Kommunikation nach dem Best-Effort-Prinzip zur Verfügung. Die Anwendungen, die TCP/IP nutzen, sind in der Regel elastisch und verwenden die Bandbreite, die verfügbar ist. Andere Anwendungen, z. B. Multimedia-Anwendungen, erfordern eine gewisse minimale Bandbreite. Diese weichen Anforderungen machen eine Planung vergleichsweise einfach, da die Datenströme für die einzelnen Anwendungen nur grob geplant werden müssen [TSNZ19]. Bei einer OT-Netzwerkplanung sind dagegen die Anforderungen Rechtzeitigkeit und Verfügbarkeit strikt bzw. hart. Die erforderlichen Ressourcen müssen garantiert und während der Planung ausreichend dimensioniert werden. Die klassische zyklische Prozesskommunikation zwischen einer Steuerung und dezentralen Feldgeräten macht es dem Anwender leicht. Um eine Planung durchführen zu können, braucht es nur wenige Angaben: die Topologie, die Anzahl der Teilnehmer, die Datenmenge pro Teilnehmer und die minimale Zykluszeit. Für den sicheren übergreifenden vertikalen und horizontalen Kommunikationsbedarf werden diese Funktionseinheiten dann über Gateways miteinander gekoppelt.

Angesichts der beschriebenen Ausprägungen von Ethernet TSN (Bandbreiten, Pufferspeicher, Portanzahl, Cut Through, Traffic Shaper und Preemption) und einer freien Topologiewahl (Linie, Stern, Ring) kann TSN sehr gut an die Anforderungen angepasst werden. TSN ist also skalierbar. Da die einzelnen Datenströme bei TSN explizit konfiguriert werden und die TSN-Komponenten unterschiedliche Fähigkeiten haben können, werden Konfiguration und Planung aber komplexer.

Ansatz für die Planung eines Ethernet TSN-Netzwerks
mit dem digitalen Zwilling aus [TSNZ19]

In [TSNZ19] wird die zukünftige Nutzung des Konzepts eines digitalen Zwillings für die Planung und das Management eines Ethernet TSN-Netzwerks vorgeschlagen. Dem interoperablen Austausch von Informationen zwischen den unterschiedlichen Phasen des Lebenszyklus von Maschinen und Anlagen, die automatisch interpretierbar sind, werden allgemein große Potenziale für Effizienzsteigerungen im Engineering zugesprochen [J20]. Bereits heute entstehen über den Lebenszyklus Daten und Modelle, z. B. Konstruktions- und Simulationsmodelle, Konfigurationen für Maschinen oder Optimierungen des Ressourcenbedarfs. Diese liegen jedoch in unterschiedlichen Datenformaten mit unterschiedlicher Datenstruktur und in unterschiedlichen Werkzeugen vor. Zukünftig soll ein digitaler Zwilling die ganzheitliche Sicht auf Produkte und Produktionssysteme während ihres ganzen Lebenszyklus ermöglichen. Die Netzwerktechnik ist Teil eines Produktionssystems. Nach [TSNZ19] könnte ein digitaler Zwilling ebenfalls eine Unterstützung während der Planungsphase eines Ethernet TSN-Netzwerks und den gesamten Lebenszyklus über eine Basis für das Netzwerkmanagement sein. Der Netzwerkteil eines digitalen Zwillings besteht aus drei Grundkomponenten: einem Modell der Kommunikationsbedarfe, einem Modell des physikalischen Netzwerks und einem Modell der Ethernet TSN-Konfiguration inkl. des Schedulers, der zur Laufzeit genutzt werden soll (Abbildung 51).

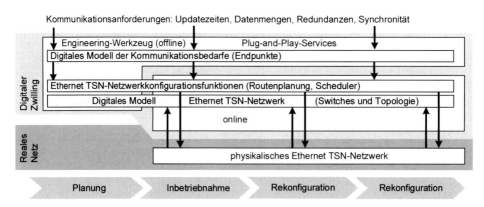

Abbildung 51: TSN-Netzwerk über den Netzwerklebenszyklus [TSNZ19]

3.6.2 Konfiguration von Ethernet TSN-Netzwerken

Für die Konfiguration eines Ethernet TSN-Netzwerks werden zentrale, dezentrale und hybride Ansätze diskutiert. Jeder Ansatz bringt Vorteile, aber auch Nachteile mit sich. Grundsätzlich ist für TSN eine explizite Konfiguration von Ressourcen erforderlich. Ein Konzept nach dem Best-Effort-Prinzip schließt sich aus.

Software-defined Networking SDN

Ein Konzept für ein Netzwerkmanagement, das eine explizite Konfiguration von Netzwerkfunktionen vorsieht, ist das Software-defined Networking (SDN) [S18-1]. Gemäß Abbildung 52 sieht SDN eine Architektur mit drei Schichten vor: Die Data Plane enthält die Bridges, die ohne eigene Logik nur Weiterleitungsregeln ausführen, die von der überlagerten Control Plane konfiguriert worden sind. Die Control Plane enthält dazu sogenannte SDN-Controller, die Routen berechnen. Ein SDN-Controller wiederum bekommt Kommunikationsbedarfe über eine Nutzerschnittstelle (UNI) mitgeteilt.

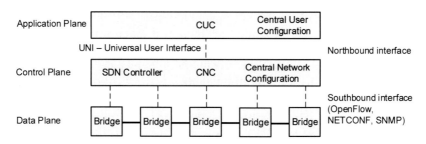

Abbildung 52: Software-defined Networking (SDN) [S18-2]

Ein rein zentraler Konfigurationsansatz ist für sehr große Netzwerke, die über den Netzwerklebenszyklus hinaus noch wachsen oder sich verändern, nicht gut geeignet. Beispielsweise wird in Abbildung 53 eine Maschine, die auch unabhängig von einem überlagerten Netzwerk benutzt werden kann, mit dem Internet verbunden: Eine Kommunikationsverbindung, die z. B. zwischen einem OPC-UA-Sensor in der Maschine und einer Webapplikation aufgebaut werden soll, hat einen Kommunikationspfad, der das Maschinennetzwerk, ein Feldebenennetzwerk und ein Fabrik-IT-Netzwerk durchläuft. Jeder Netzwerkteil enthält dabei einen eigenen SDN-Controller. Soll eine Kommunikationsverbindung eingerichtet werden, die diese Netzwerkteile durchläuft, wird über eine Kommunikation zwischen den SDN-Controllern (East-West-Schnittstelle) eine entsprechende Route ausgehandelt und eingerichtet.

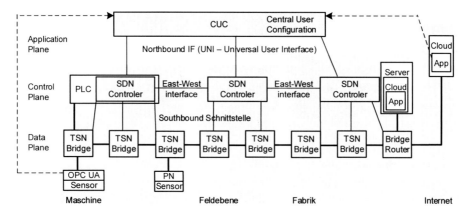

Abbildung 53: TSN-Kommunikation mit verteilter Control Plane [S18-2]

Für solche gekoppelten TSN-Domänen kann an den Kopplungspunkten in der Data Plane eine sogenannte Stream-Translation durchgeführt werden [PN20], wie im Kapitel 3.4.2 bereits beschrieben worden ist.

PROFINET Network Management

PROFINET over TSN definiert für die Konfiguration eine Network Management Engine (NME). Das Konzept sieht grundsätzlich die Möglichkeit vor, mehrere unabhängige Applikationen auf dem Netzwerk zu betreiben und mit verschiedenen Protokollen zu arbeiten [PNG20]. Wie Abbildung 54 zeigt, handelt es sich um eine zentrale Konfigurationsarchitektur, bei der die Logik (NME) redundant ausgelegt werden kann. Ein Algorithmus (Best NME) bestimmt eine aktive NME und schaltet alle weiteren NMEs in einen passiven Zustand. Während der Netzwerkinbetriebnahme wird eine Netzwerkbasiskonfiguration vorgenommen [PNG20]. Diese enthält etwa den Netzwerkzyklus von z. B. 250 µs oder 1 ms. Während des Betriebs des Netzwerks können Applikationen das Netzwerk nutzen. Dazu müssen sie, z. B. eine Steuerung oder ein datenbasierter Dienst, ihre Kommunikationsbedarfe bei der NME anmelden. Diese vergibt, wenn möglich, die Kommunikationsressourcen und richtet die TSN-Domäne dafür ein. Dabei müssen sich die neuen Applikationen an die bestehende Basiskonfiguration des Netzwerks anpassen.

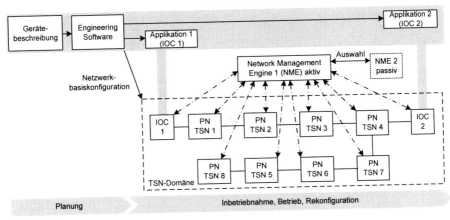

Abbildung 54: PROFINET TSN-Netzwerkkonfiguration

3.6.3 Scheduling von Ethernet TSN-Netzwerken

In diesem Kapitel wird die grundlegende TSN-Konfiguration für die zeitge-
plante Kommunikation (Scheduled Traffic) beschrieben. Ein Beispiel einer zeitgesteuerten Kommunikation für die beiden Kommunikationsrichtungen Inbound und Outbound in einem Netzwerk mit gemischten Datenraten ist in Abbildung 55 zu sehen. Zu einem Zeitpunkt t_{STE} (STE – Scheduled Traffic Ende) ist
der geplante Kommunikationszyklus abgeschlossen.

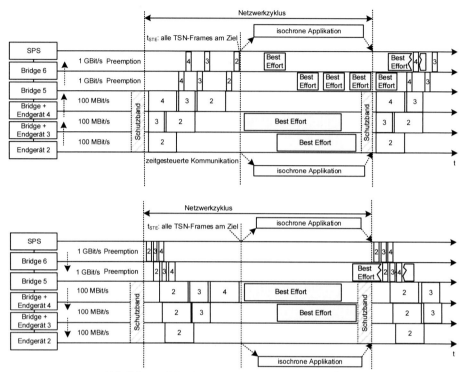

Abbildung 55: Zeitgesteuerte Kommunikation

Im Folgenden werden beispielhaft Modelle für die TSN-Konfiguration vorgestellt. Sie basieren darauf, dass keine Sendezeitpunkte in den Bridges verwendet werden. Das Senden der TSN-Frames erfolgt zum synchronisierten Beginn
jedes Netzwerkzyklus [PNGS19]. Gegenüber der PROFINET IRT-Kommunikation
funktioniert dieser Modus für TSN-Netzwerke, da nicht ausschließlich im Cut-
Through-Verfahren weitergeleitet werden muss, sondern auch das Zwischen-
speichern von Frames möglich ist. Die Konfigurationslogik enthält aus diesem
Grund ein Element mehr als eine PROFINET IRT-Konfigurationslogik: die Berechnung und Prüfung, ob die einzelnen Bridges genug Speicher für die berechnete Sendereihenfolge haben. Abbildung 56 zeigt die Elemente einer TSN-Konfigurationslogik.

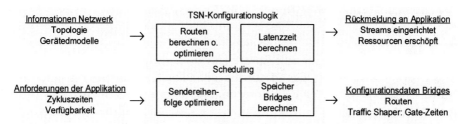

Abbildung 56: Elemente und Ablauf einer TSN-Konfigurationslogik

Abhängig von den Informationen des Netzwerks, die der Konfigurationslogik zur Verfügung stehen, sowie den Applikationsanforderungen (QoS, Verortung der Sender und Empfänger in der Netzwerktopologie, Verfügbarkeit) sind unterschiedliche TSN-Funktions- und Konfigurationsmodelle sowie Vereinfachungen notwendig oder möglich. Die TSN-Konfigurationslogikelemente Latenzzeit- und Speicherberechnung sowie Optimierung der Sendereihenfolge sind dann unterschiedlich ausgeprägt. Die Berechnung der Routen kann z. B. mit dem Dijkstra-Algorithmus vorgenommen werden. Darauf wird hier nicht eingegangen. Tabelle 12 zeigt eine Strukturierung grundsätzlicher Konfigurationsmodelle.

Tabelle 12: Übersicht über grundsätzliche Konfigurationsmodelle

| | | | | Applikationsanforderungen | |
| | | | | Zykluszeiten, Datenmengen | |
				Kommunikationstyp: Garantierte minimale Latenzzeit, geplante zeitgesteuerte Kommunikation (Scheduled Traffic)	Kommunikationstyp: keine Verluste durch Überlastung von Queues (z. B. PROFINET TSN LOW)
Informationen Netzwerk	Gerätemodell	eine oder mehrere Steuerungen, Konvergenz	keine Pfadredundanzen	**Konfigurationsmodell 1**: Fluten	
			Pfadredundanzen	nicht möglich	
	Gerätemodelle und Topologie	eine Steuerung	keine Pfadredundanzen	**Konfigurationsmodell 2**: Pfadplanung und Speicherauslastung	**Konfigurationsmodell 5**: Pfadplanung und Speicherauslastung
			Pfadredundanzen	**Konfigurationsmodell 3**: Pfadplanung, Speicherauslastung und Sendereihenfolge	
		eine oder mehrere Steuerungen, Konvergenz	keine Pfadredundanzen	**Konfigurationsmodell 4**: Pfadplanung, Speicherauslastung und Sendereihenfolge	
			Pfadredundanzen		

TSN-Konfigurationsmodell 1: Fluten: kein Topologiewissen in der Konfigurationslogik

In diesem Modell leiten die TSN-Bridges alle TSN-Frames an alle Ports weiter außer auf den Port, auf dem sie empfangen worden sind („Fluten" oder „Multicast"). Es erhält also auch jeder Switch für jeden Port die gleiche Konfiguration. Es dürfen entsprechend keine Ringe in dem Netzwerk vorkommen. Aus Abbildung 57 sind die möglichen Topologien als Beispiel und Parameterdefinitionen zu ersehen.

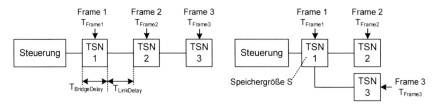

Abbildung 57: Topologien mit Parameterdefinitionen

Die Konfigurationslogik berechnet das notwendige Übertragungsfensters t_{STE} und die Speicherressourcen der Bridges S wie im Folgenden beschrieben:

1. Übertragungsfensters t_{STE}: Die ungünstigste Topologie bei der ein maximal großes Übertragungsfenster erforderlich ist, ist die Linientopologie. Da keine Informationen zur Topologie vorhanden sind, wird im einfachsten Fall angenommen, dass alle Frames (Inbound und Outbound) über den maximalen Netzwerkdiameter übertragen werden. Daher werden alle Verzögerungen einfach aufsummiert, wie Formel 3.8 zeigt.
   n Ethernet-Verbindungen $T_{LinkDelay}$
   m Bridges $T_{BridgeDelay}$
   k Frameübertragungszeiten T_{Frame} *für die Bandbreite D*

$$t_{STE} = \sum_1^n T_{LinkDelay_n} + \sum_1^m T_{BridgeDelay_m} + \sum_1^k T_{Frame_k} \qquad (3.8)$$

2. Speicherbedarf S_{max}: Am ungünstigsten für den Speicher ist die Sterntopologie. Es wird angenommen, dass alle Geräte an eine Bridge angeschlossen sind und je Port p ein Durchsatz $D(t)$ eingespeist und diese mit einer Datenrate B_{egress} geleert wird. Formel 3.9 zeigt die Berechnung für die Speicherfüllung S über die Zeit t. S_{max} wird mit der Suche nach dem Maximum durch $dS/dt = 0$ bestimmt.

$$S(t) = \left[\sum_{p=0}^{p=n-1} \int_{t=0}^{t=t_{STE}} D_{ingre \; n} \, dt \right] - B_{egress_{port_n}} \qquad (3.9)$$

Die Vorteile dieses Funktionsmodells sind, dass Topologieänderungen ohne eine Aktualisierung der TSN-Konfiguration erfolgen können, nicht viele Informationen erforderlich sind, die Topologie beliebig viele Steuerungen enthalten kann und die Berechnung sehr einfach ist. Nachteilig ist, dass keine Ringe möglich sind, die garantierbare Latenzzeit bzw. kleinste Zykluszeit hoch ist und die Ressourcen ineffizient eingesetzt werden.

TSN-Konfigurationsmodell 2: Pfadplanung und Speicherauslastung:
Netzwerke mit einer Steuerung
Da es einen zentralen Kommunikationspunkt in der TSN-Domäne gibt, kann Inbound- und Outbound-Kommunikation unterschieden werden. Dies führt zu einer Reduzierung der Zeitfenster t_{STE}. Die Berechnung des Kommunikationsfensters erfolgt als Summe der Verzögerungen gemäß Formel 3.8, jedoch getrennt für Inbound und Outbound. Das Verfahren ist robust, bei einer Änderung der Topologie müssen aber eine Neuberechnung und eine Neukonfiguration erfolgen. Da die Sendereihenfolge nicht optimiert ist, wird für die gegebenen physikalischen Netzwerkressourcen nicht die optimal mögliche kleinste Latenzzeit t_{STE} erreicht.

TSN-Konfigurationsmodell 3: Topologiewissen und Optimierung der Sendereihenfolge:
Netzwerke mit einer Steuerung
In diesem TSN-Funktionsmodell muss die Topologie bekannt sein. Auf der Basis kann dann eine Sendereihenfolgeoptimierung vorgenommen werden. Es werden die Routen bestimmt. Danach wird die Sendereihenfolge optimiert. Im einfachsten Fall wird das Frame mit der längsten Route zuerst gesendet. Für viele Topologien entsteht durch diesen Optimierungsansatz ein sehr gutes Ergebnis. Bei Netzwerken mit gemischten Datenraten entsteht nicht garantiert das beste Ergebnis. Mit der Bedingung $T_{LinkDelay} + T_{BridgeDelay} < T_{Frame}$ kann das notwendige Zeitfenster nach so einer Optimierung der Sendereihenfolge als Summe der Frameübertragungszeiten nach Formel 3.10 berechnet werden.

$$t_{STE} = \sum_1^k T_{Frame_k} \tag{3.10}$$

Die Bedingung stellt sicher, dass die Frames mit dem minimalen Frameabstand Inter Frame Gap als Burst übertragen werden. Dies ist dann der Fall, wenn die durch die Framelänge und Datenrate bestimmte Frame-Übertragungszeit T_{Frame} größer als die Summe der Latenzzeit der Bridge $T_{BridgeDelay}$ und der Leitung $T_{LinkDelay}$ der jeweiligen Ethernet-Verbindung ist. Für die in dieser Arbeit im Bereich der Validierung in Kapitel 6 genutzten Topologien, die als Linientopologie mit einer Datenrate von D = 100 MBit/s arbeiten, ist die Bedingung in den meisten Fällen erfüllt. Die anderen Fälle werden in Kapitel 6 an konkreten Topologien beschrieben und die angepassten Formeln hergeleitet.

TSN-Konfigurationsmodell 4: Konfiguration für konvergente Netzwerke
mit mehreren Steuerungen
Ein konvergentes Netzwerk, das verschiedene zeitsensitive Applikationen und
Protokolle von unterschiedlichen Kommunikationspunkten aus gleichzeitig
überträgt, ist mit den dargestellten Konfigurationsverfahren nicht konfigurier-
bar, da diese auf Vereinfachungen basieren. Entsprechende mathematische Op-
timierungsverfahren sind publiziert, aber für diese Arbeit nicht relevant.

TSN-Konfigurationsmodell 5: Pfadplanung und Speicherauslastung: Kommuni-
kationstyp: keine Verluste durch Überlastung von Queues
Für diesen Kommunikationstyp ist eine Zeitplanung von Frames nicht notwendig. Das Ziel der vorliegenden Arbeit besteht darin, die zeitgesteuerte Kommunikation für bestehende PROFINET-Geräte mit TSN-Netzwerken zu ermöglichen. Entsprechend ist dieses Konfigurationsmodell hier nicht weiter relevant.

Dezentrale TSN-Konfiguration
Für Ethernet TSN sind weiterhin dezentrale Konfigurationsmodelle in der Dis-
kussion. Für eine zeitgesteuerte Kommunikation nach dem PROFINET-Standard
ist aber immer eine zentrale Konfiguration notwendig. Darum beschränkt sich
diese Arbeit und dieser Stand der Wissenschaft und Technik auch auf diese
zentrale Konfigurationsarchitektur und geht auf die Eigenarten der dezentralen Konfiguration nicht ein.

3.7 Migrationsstrategien von Echtzeit-Ethernet zu Ethernet TSN

Insbesondere die Nutzerorganisationen mit weit verbreiteten Echtzeit-Ethernet-Systemen, wie PROFINET oder EtherCAT, haben Migrationsstrategien entwickelt, die dem Zweck dienen sollen, Ethernet TSN schrittweise einzuführen
und einen Investitionsschutz für die bestehenden Systeme zu gewährleisten
[ECAT, PN20]. Die von der IEC/IEEE 60802 TSN-IA-Arbeitsgruppe veröffentlich-
ten Anwendungsfälle enthalten ebenfalls die grundsätzliche Anforderung, bestehende Geräte nutzen zu können [60802UC18]. Aufgrund der Nachteile der
bestehenden Migrationsstrategien ist die Migration Gegenstand von Forschungsarbeiten [A20].

3.7.1 PROFINET over TSN

Die Migrationsstrategie der Profibus-Nutzerorganisation sieht für bestehende PROFINET-Geräte (Standardversion V2.3), die an einer Ethernet TSN-Domäne angeschlossen werden, eine eigene Kommunikationsklasse vor. Dies funktioniert nur für die PROFINET RT-Kommunikation. Die vorab geplante und zeitgesteuerte PROFINET IRT-Kommunikation kann über eine PROFINET TSN-Domäne nicht genutzt werden [SA21]. Abbildung 58 zeigt in einer Beispieltopologie, dass PROFINET RT-Geräte zwar an eine PROFINET over TSN-Domäne angeschlossen, nicht aber in die Domäne selbst integriert werden können. Zudem ist es möglich, dass Kommunikationsverbindungen zwischen PROFINET RT-Steuerungen (im Beispiel in Abbildung 58 als „Steuerung S2" bezeichnet) und Feldgeräten (im Beispiel Input-Output-Device IOD 2.4 und IOD 2.5) die TSN-Domäne durchqueren [PN20].

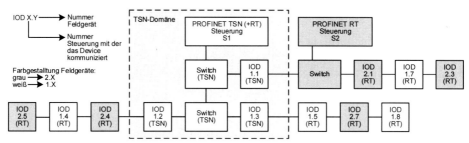

Abbildung 58: Nutzung von PROFINET RT-Geräten mit Ethernet TSN [SA21]

Das hier beschriebene TSN-Migrationskonzept ermöglicht eine grundsätzliche PROFINET RT-Kommunikation. Die Nachteile sind die folgenden [PNG20]:

X	keine TSN-Migration für IRT-Anwendungen, wie z. B. Antriebs- und Lageregelungen (keine zeitgesteuerte Kommunikation)
X	keine garantierte kleine Latenzzeit, nur priorisierte Kommunikation (Latenzzeit je Bridge bis zu 122 µs, da Strict Priority mit Datenrate 100 MBit/s)
X	Einschränkung in der Topologiewahl: Bestehende Geräte können nicht innerhalb von TSN-Domänen angeschlossen werden, sondern nur an den TSN-Domänengrenzen.
X	kein garantierter Ressourcenschutz für die Echtzeitkommunikation
X	keine Zeitsynchronisation für die Kommunikation und für die Applikation

3.7.2 EtherCAT-TSN-Profile

Die EtherCAT Technology Group ETG hat für EtherCAT ebenfalls eine Integrationslösung entwickelt [ECTSN18]. Dabei können EtherCAT-Frames durch eine beliebige Ethernet TSN-Domäne übertragen werden. An der Übergangsstelle zwischen EtherCAT und Ethernet TSN wird mit einer spezifischen Hardware die Ziel-MAC-Adresse von der nicht eindeutigen EtherCAT-Adresse in eine eindeutige MAC-Adresse übersetzt (in [ECTSN18] auch als „Open Mode" bezeichnet). Wie in Abbildung 59 erkennbar, werden EtherCAT-Geräte mithilfe eines Ether-CAT-TSN-Kopplers mit einer Ethernet TSN-Domäne verbunden.

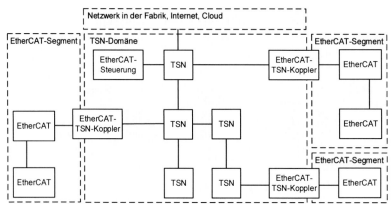

Abbildung 59: Kopplung von EtherCAT mit einem Ethernet TSN-Netzwerk

Das beschriebene Migrationskonzept ermöglicht eine grundsätzliche Kopplung von EtherCAT mit Ethernet TSN-Domänen. Dabei ergeben sich folgende Nachteile:

X	keine direkte Kommunikation zwischen Feldgerät und Cloud
X	keine stoßfreie Rekonfiguration im EtherCAT-Segment
X	getrennte Konfiguration von TSN-Netzwerk und EtherCAT-Kommunikation
X	Einschränkung in der Topologiewahl: EtherCAT-Geräte können nicht innerhalb von TSN-Domänen, sondern nur an den TSN-Domänengrenzen angeschlossen werden.
X	Es ist ein zusätzliches Kopplungsgerät an der Domänengrenze notwendig.

3.7.3 Forschungsarbeiten und Ansätze Migration zu Ethernet TSN

In [S18-3] hat Steiner das Thema Migration hin zu Ethernet TSN als eines von vier noch zu lösenden Forschungsthemen für IEEE 802.1-TSN-Netzwerke herausgearbeitet. Im Folgenden werden der Forschungsstand und Ansätze beschrieben.

IEEE 802.1CBdb Extended Stream Identification Functions
Da bestehende Protokolle insbesondere spezifische Methoden der Frame-Identifikation definieren, wurde in der IEEE 802.1-Arbeitsgruppe die Initiative einer Standarderweiterung gestartet. Die Erweiterung trägt den Namen Extended Stream Identification Functions IEEE 802.1CBdb und liegt seit Dezember 2020 in einer Entwurfsversion 1.1 vor [CBdb20]. Die Lösung hat grundsätzlich das Potenzial, dass beliebige bestehende Protokolle ohne Änderungen der bestehenden Geräte von Ethernet TSN-Funktionen profitieren. Es gibt aber drei Hindernisse. Für die höchste Kommunikationsklasse mit zeitgesteuerter Kommunikation sind eine Zeitsynchronisation mit IEEE 802.1AS auch der Endgeräte und ein zeitgesteuertes Senden notwendig. Die Endgeräte müssen also auf jeden Fall erweitert werden. Ein konvergentes Netz, in dem die zeitkritischen Frames mit unterschiedlichen Frame-Identifikationsmodellen identifiziert werden, ist komplex, was die Entwicklung und die Fehlerdiagnose betrifft. Darüber hinaus ist der Standard noch nicht verabschiedet und erfordert eine Umsetzung in der Hardware. Da bereits publizierte Standards wie PROFINET TSN sich auf eine Frame-Identifikation auf der Basis von VLAN-Tags festgelegt haben [PNV2.4], ist es sehr unwahrscheinlich, dass sich dieser Standard für Ethernet TSN-Netzwerke in der industriellen Automation noch durchsetzt. [SA21]

SERCOS over TSN-Studie und Demonstration
Als Migrationsstrategie für das Kommunikationssystem SERCOS III wurde eine Lösung zur Kopplung von bestehenden SERCOS III-Feldgeräten mit Ethernet TSN-Netzwerken entworfen und in Demonstratoren gezeigt [S16, N17]. Die Lösung wird als „SERCOS over TSN" bezeichnet und ermöglicht eine niedriglatente Kommunikation, unterliegt aber den topologischen Einschränkungen wie die EtherCAT-Migrationslösung. Weder wurde diese SERCOS-III-Migrationslösung bisher in Standards überführt, noch sind Komponenten oder Prototypen verfügbar.

TSN-based Converged Industrial Networks: Evolutionary Steps and Migration Paths
In [A20] wurde die Migration der heutigen industriellen Vernetzung hin zu einer OPC-UA-TSN-basierten Kommunikation grundsätzlich untersucht. Dabei wurde strukturiert betrachtet, welche Teiltechnologien eine solche Migration umfasst. Das sind nach [A20] die Netzwerkkonfiguration, die Netzwerkintegra-

tion (IT/OT), die Systemintegration, die Interoperabilitätslevel sowie die Themen Safety, Security und Verfügbarkeit. Unter Migrationsstrategien werden in [A20] Wege verstanden, in welcher Reihenfolge die voneinander abhängigen Systemteile und Technologien entwickelt, in die Anwendung eingeführt und dort genutzt werden können [A20]. Als Hemmnisse wird insbesondere die noch fehlende Standardisierung der Konfiguration gesehen. [A20] rückt eine Migration hin zu OPC UA auf Ethernet TSN-basierter Kommunikation in den Fokus. Lösungen wie PROFINET over TSN werden als Zwischenschritt hin zu einer OPC UA-Kommunikation gesehen.

Zusammenfassung
Es liegt keine Migrationsstrategie vor, die es ermöglicht bestehende Echtzeit-Ethernet-Feldgeräte mit allen geforderten Eigenschaften mit Ethernet TSN-Netzwerken nutzen zu können.

4 Analyse der Kompatibilität von Ethernet TSN und PROFINET-Hardware

In diesem Kapitel werden die von Ethernet TSN geforderten Funktionalitäten, Ressourcen und Leistungseigenschaften [60802R18] denen von bestehender PROFINET-Hardware gegenübergestellt [PNV2.3]. Die Ethernet TSN-Anforderungen wurden dazu den laufenden IEC/IEEE 60802 TSN-IA-Standardisierungsaktivitäten [60802R18] sowie dem bereits verabschiedeten PROFINET TSN-Standard V2.4 [PNV2.4] entnommen. Als Referenz-Standard für Funktionen und Ressourcen bestehender Hardware wurde der PROFINET V2.3-Standard [PNV2.3] verwendet.

4.1 Definition des Analyseraumes

Der Anwendungsraum dieser Analyse umfasst die PROFINET-Hardware mit zwei Ports und 100 MBit/s je Port, weil

- diese Hardware für das weltweit am weitesten verbreitete industrielle Kommunikationssystem PROFINET verwendet wird [PI20],
- viele Grundkonzepte von PROFINET und Ethernet TSN ähnlich sind [PNV2.3] und
- diese Geräteklasse preissensitiv ist.

Switches mit mehr als zwei Ports oder Datenraten größer als 100 MBit/s gehören nicht zum Anwendungsraum der vorliegenden Betrachtung. Die Nutzung von (funktions- und ressourcenbeschränkter) TSN-Hardware, die z. B. für Automotive-Anwendungen entwickelt wird, kann erst in Zukunft sinnvoll betrachtet werden, wenn die Profile verabschiedet oder stabil sind.

4.2 Kompatibilitätsanalyse Ethernet TSN und PROFINET-Hardware

Die Ergebnisse der Kompatibilitätsanalyse zwischen den Ethernet TSN-Anforderungen und der bestehenden PROFINET-Hardware finden sich in Tabelle 13. In den folgenden Abschnitten werden die Inkompatibilitäten näher erläutert.

Tabelle 13: Kompatibilitätsanalyse TSN und PROFINET-Hardware [SA21]

Anforderungen PROFINET V2.4 (TSN) [PNV2.4]	Bestehende Hardware PROFINET V2.3 (RT, IRT) [PNV2.3]	Kompatibilität
Store-and-Forward	Store-and-Forward	√
Delayed Cut Through	Delayed Cut Through	√
8 Queues	8 Queues	√
Strict Priority	Strict Priority	√
Pufferspeicher für Frames 100 MBit/s: 6 kByte für jeden Port	Pufferspeicher für Frames 100 MBit/s: 25 kByte für jeden Port	√
maximale Latenz für 100 MBit/s: 3 µs	maximale Latenz für 100 MBit/s: 3 µs	√
Netzwerkzugang: synchronisiert	Netzwerkzugang: synchronisiert	√
Frame-Identifikation Strict Priority: VLAN-Prioritäten	Frame-Identifikation Strict Priority: VLAN-Prioritäten	√
Frame-Identifikation und Scheduled Traffic: TAS – Time Aware Shaper, Guard Band (Schutzband), Queue Masking: **VLAN Prioritäten**	Frame-Identifikation und Scheduled Traffic: IRT Switching: yellow, red, green Phase, Modes: absolutes und relatives Weiterleiten: **Frame-ID und Receive-in-Red**	**X – inkompatibel** Frame-Identifikation für zeitgesteuerte Kommunikation (Scheduled Traffic) kann nicht auf VLAN-Tags (Prioritäten) basieren.
Regel Weiterleitung TSN-Frames: Standard: **verwerfen und konfigurierte Route** Weiterleitungstabelle: **512 Einträge**	Regel Weiterleitung TSN-Frames: Standard: **fluten** (weiterleiten) **MAC lernen** (volle Datenbank für Geräte mit 2 Schnittstellen nicht notwendig) Weiterleitungstabelle: **32 Einträge**	**X – inkompatibel** Adresstabelle (FDB) zu klein Verwerfen von Frames kann nicht als Basiseinstellung vorgenommen werden.
TSN-Domänenschutz: **VLAN Priority Remapping**	TSN-Domänenschutz: **FrameID und Receive-in-Red**	**X – inkompatibel** Der Domänenschutz ist nicht möglich, da das Umschr. von VLAN-Prioritäten nicht möglich ist.
Synchronisationsleistung: 1 µs Genauigkeit bei **125 ms** Synchronisationsintervall für Netzwerke mit verschiedenen Datenraten	Synchronisationsleistung: 1 µs Genauigkeit bei **30 ms** Synchronisationsintervall für Netzwerke mit einer einheitlichen (homogene) Datenrate von 100 MBit/s	**X – inkompatibel** Synchronisationsanforderung oder geforderter Netzwerkdiameter ist nicht erreichbar. Interoperabilität (Protokoll) ist gegeben.

4.3 Inkompatibilitäten

Die grundsätzlichen Echtzeitmechanismen von Ethernet TSN bei 100 MBit/s (Time Aware Shaping, hochgenaue Zeitsynchronisation, zeitgesteuertes Senden, Cut Through) und PROFINET IRT sind ähnlich. Im Detail fordert TSN aber mehr Ressourcen und einige andere Funktionen, die eine Kompatibilität zunächst verhindern. Diese Inkompatibilitäten werden im Folgenden beschrieben.

4.3.1 Identifikation zeitgesteuerter Kommunikation

Die Zuordnung von Frames auf Queues erfolgt nach IEEE-Standards auf der Basis von Prioritäten. Diese Prioritäten werden im VLAN-Tag kodiert. Auch für PROFINET RT wird diese Funktion so genutzt [PNV2.3]. PROFINET IRT definiert dagegen eine andere Methode. Es werden keine VLAN-Tags herangezogen, sondern die Queue-Zuordnung und Weiterleitung erfolgt auf der Basis einer sogenannten FrameID, die PROFINET-Frames eindeutig identifiziert [PNV2.3]. Die PROFINET IRT-Hardware muss somit nach IEC-Standards nicht über zeitgesteuerte Queues verfügen, in die das Einsortieren von Frames nach VLAN-Priorität erfolgt [PNV2.3]. Das schließt nicht aus, dass eine gegebene Hardware dies dennoch kann, aber eine verallgemeinerbare Lösung lässt sich nicht darauf gründen.

Zusammenfassung:

Funktionsinkompatibilität: Frame-Identifikation auf der Basis von VLAN-Prioritäten für die zeitgesteuerte Kommunikation nicht möglich		
PROFINET over TSN		**PROFINET IRT-Hardware**
VLAN-Prioritäten-Auswertung für 8 Queues inklusive einer Queue für zeitgesteuerte Kommunikation gefordert		VLAN-Prioritäten-Auswertung nur für Best-Effort-Queues vorhanden

4.3.2 Adresstabelle zu klein

Das Weiterleitungsverfahren von PROFINET IRT erfordert für Geräte mit zwei externen Ports weniger als 32 Adresseinträge [PNV2.3], weil ein Lernen von Routen bei diesen Geräten nicht notwendig ist. Der Grund dafür ist, dass sich bei zwei Ports das Weiterleitungsverhalten nach dem Lernen einer Adresse nicht verändern würde, außer wenn es das Gerät selbst betrifft und der Standard dies nicht fordert. Für 2-Port-Geräte gilt, dass das Weiterleitungsverhalten „Fluten" (vor dem Lernen von MAC-Adressen) identisch mit dem Weiterleitungsverhalten nach dem Lernen ist. Einträge in die Weiterleitungstabelle (Forwarding Data Base FDB) sind für den lokalen Empfang von Frames an den internen Ports und für Netzwerkmanagement-Frames, für die spezielle Weiterleitungsregeln gelten, notwendig. Dies sind zum Beispiel die Protokolle LLDP, MRP, PTCP oder IEEE 802.1AS. In der PROFINET IRT-Hardware mit zwei externen Ports sind aus diesem Grund häufig auch nicht mehr Einträge verfügbar. PROFINET over TSN definiert dagegen ein Weiterleiten von Frames auf der Basis konfigurierter Routen. Das Weiterleiten ohne Konfiguration ist nicht zugelassen [PNV2.4]. Für einen Netzwerkteil mit 100 MBit/s Datenrate, der hier Gegenstand der Betrachtung ist, beträgt die Anzahl der notwendigen Adresstabelleneinträge 512 [PNV2.4].

Zusammenfassung:

Ressourceninkompatibilität FDB: Adresstabelle (FDB) zu klein: geforderte Anzahl von TSN-Routen nicht möglich		
PROFINET over TSN		**PROFINET IRT-Hardware**
512 konfigurierbare Adresseinträge gefordert		32 konfigurierbare Adresseinträge vorhanden

4.3.3 VLAN-Remapping-Hardware nicht vorhanden

PROFINET over TSN erfordert die Implementierung von Remapping-Regeln für VLAN-Prioritäten. PROFINET IRT definiert kein Remapping von VLAN-Prioritäten. Somit ist der Schutz der Ethernet TSN-Domäne vor Frames, die aus anderen Netzwerkteilen gesendet werden, nicht realisierbar.

Zusammenfassung:

Funktionsinkompatibilität VLAN-Remapping: Domänenschutz auf der Basis von VLAN-Remapping nicht möglich, da keine VLAN-Remapping-Hardware vorhanden		
PROFINET over TSN		**PROFINET IRT Hardware**
VLAN-Remapping für 8 VLAN-Prioritäten gefordert		keine VLAN-Remapping-Hardware vorhanden

4.3.4 Synchronisationsgenauigkeit zu gering

PROFINET IRT definiert eine Zeitsynchronisationsgenauigkeit von 1 µs für ein Ethernet-Netzwerk mit einer Kaskadierungstiefe von maximal 64 Geräten (Netzwerkdiameter). Bei PROFINET IRT beträgt der Sendezyklus von Synchronisationsframes 30 ms [PNV2.3]. PROFINET over TSN fordert ebenfalls eine Zeitsynchronisationsgenauigkeit von 1 µs für eine Kaskadierungstiefe von maximal 64 Geräten (Netzwerkdiameter). Die Netzwerke können aber mit unterschiedlichen Datenraten aufgebaut sein und der Sendezyklus der Synchronisationsframes ist größer (125 ms) [PNV2.4]. Ein geringerer Sendezyklus verringert die Möglichkeiten, das Synchronisationssignal zu filtern, was die Reglergüte verschlechtert [S13-2]. Folglich muss eine TSN-Hardware hinsichtlich bestimmter Eigenschaften, wie z. B. Auflösung der Zeitstempel, Stabilität des Oszillators oder Jitter in den PHY-Transceivern, leistungsfähiger aufgebaut werden.

Zusammenfassung:

Ressourceninkompatibilität Synchronisationsgenauigkeit: Die Güteforderung für die Zeitsynchronisation kann von einem Gerät nicht erfüllt werden.		
PROFINET over TSN		**PROFINET IRT Hardware**
Synchronisationsgenauigkeit gefordert: 1 µs bei 64 kaskadierten Bridges und Synchronisationszyklus 125 ms	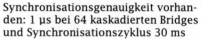	Synchronisationsgenauigkeit vorhanden: 1 µs bei 64 kaskadierten Bridges und Synchronisationszyklus 30 ms

4.4 Spezielle Forschungsfragen

Aufbauend auf der allgemeinen Forschungsfrage *„Wie können bestehende PRO-FINET-Geräte mit den geforderten Funktions- und Leistungsmerkmalen kompatibel mit Ethernet TSN-Netzwerken genutzt werden?"*, wurden aus den spezifischen Funktions- und Ressourcendefiziten, die PROFINET-Hardware inkompatibel mit TSN-Netzwerken machen, folgende weitere Forschungsfragen abgeleitet:

- Wie kann die Anzahl der notwendigen Adresstabelleneinträge reduziert werden?
- Wie kann ein Gerät, das die zeitgesteuerte Kommunikation nicht anhand von VLAN-Prioritäten identifizieren kann, in einer TSN-Domäne eingesetzt werden?
- Wie kann ein Gerät, das kein VLAN-Remapping unterstützt, an der Position einer Ethernet TSN-Domänengrenze eingesetzt werden?

Wie kann eine Zeitsynchronisationsgenauigkeit kleiner als 1 µs für ein Netzwerk mit einem Synchronisationsintervall von 125 ms garantiert werden, in das Geräte eingebaut werden, die für ein Synchronisationsintervall von 30 ms entworfen sind?

5 Kompatibilitätsverfahren

In diesem Kapitel werden Ethernet TSN-Kompatibilitätsverfahren vorgestellt, die das Ziel haben, bestehende PROFINET-Hardware mit zwei Ethernet-Ports in Ethernet TSN-Netzwerken nutzen zu können. Es wurden drei Kompatibilitätsverfahren entwickelt: „Time Aware Forwarding" (TAF), „Verteilter kooperativer Domänenschutz" (VKDS) und „Individuelle Zeitsynchronisationsgenauigkeit" (IZG). Das neue Ethernet TSN-kompatible Bridging-Verfahren Time Aware Forwarding ist das Hauptverfahren, das eine grundsätzliche Kompatibilität ermöglicht. VKDS ergänzt TAF um die Möglichkeit, TAF-Geräte an einer TSN-Domänengrenze einzusetzen. IZG ermöglicht es, PROFINET-Hardware trotz zu schwacher Synchronisationseigenschaft zu verwenden.

5.1 Übersicht

Tabelle 14 bietet eine Übersicht über die Kompatibilitätsverfahren und die jeweilige Inkompatibilität oder Inkompatibilitäten, die damit kompensiert werden. TAF kompensiert zwei Inkompatibilitäten vollständig und trägt einen Teil zur Kompensation der nicht vorhandenen VLAN-Remapping-Hardware bei.

© Der/die Autor(en), exklusiv lizenziert durch
Springer-Verlag GmbH, DE, ein Teil von Springer Nature 2022
S. Schriegel, *Kompatibilitätsverfahren für Profinet-Hardware mit Ethernet Time Sensitive Networks*, Technologien für die intelligente Automation 16,
https://doi.org/10.1007/978-3-662-64742-4_5

Tabelle 14: Übersicht Kompatibilitätsverfahren und Inkompatibilitäten

Bezeichnung Kompatibili-täts-verfah-ren	Beschreibung Kompatibilitätsverfahren	√ Inkompatibilität, die kompensiert wird
TAF **Time Aware Forwarding** (Hauptverfahren)	Das Weiterleiten (Switching) von TSN-Frames wird auf der Basis der Empfangszeit vorgenommen, ohne dass eine Frame-Identifikation auf der Basis von VLAN-Prioritäten vorgenommen wird. Frames werden grundsätzlich weitergeleitet, wenn es keinen Adresstabelleneintrag gibt. Dadurch sinkt die notwendige Anzahl von Adresseinträgen von 512 auf 2.	keine Frame-Identifikation von zeitgesteuerter Kommunikation auf der Basis von VLAN-Tags (Prioritäten)
		Adresstabelle (FDB) zu klein: geforderte Anzahl von TSN-Routen nicht möglich
VKDS **Verteilter ko-operativer Domänen-schutz** (Nebenverfahren)	Das VLAN-Remapping wird nicht an der Domänengrenze implementiert, wenn es sich bei dem Gerät an der Domänengrenze um ein TAF-Gerät handelt, sondern am ersten TSN-Switch nach einer TAF-Linie.	VLAN-Remapping-Hardware nicht vorhanden Umschreiben von Prioritäten nicht möglich
IZG **Zeitsynchro-nisations-genauigkeit individuell berechnen** (Nebenverfahren)	Die Zeitsynchronisationsgenauigkeit für das spezifische Netzwerk wird individuell berechnet. Es können Komponenten mit individuellen Ressourcen eingesetzt werden.	Synchronisationsgenauigkeit eines Gerätes zu gering

TAF und VKDS sind Gerätefunktionen und können durch Softwareerweiterung für entsprechende PROFINET-Hardware mit zwei Ports implementiert werden. IZG erfordert eine Erweiterung der Netzwerkplanung und Konfiguration und kann offline berechnet oder in das System online integriert werden.

In den folgenden Abschnitten werden die Kompatibilitätsverfahren im Detail beschrieben.

5.2 Ethernet TSN-kompatibler Bridge-Modus Time Aware Forwarding

Mit dem neuen Ethernet TSN-kompatiblen Bridging-Verfahren Time Aware Forwarding (TAF) sollen zwei Inkompatibilitäten aufgelöst werden: „Adresstabelle (FDB) zu klein: geforderte Anzahl von TSN-Routen nicht möglich" und „Frame-Identifikation auf der Basis von VLAN-Tags für zeitgesteuerte Kommunikation nicht möglich". Darüber hinaus schützt das Verfahren die zeitgesteuerte Kommunikation in der TAF-Linientopologie implizit auch vor einem Netzwerkverkehr, der über eine TSN-Domänengrenze in die TSN-Domäne eindringt. [SA21]

	Kompatibilitätsverfahren Time Aware Forwarding	Es kommt zu einer empfangszeitbasierten Weiterleitung von vorab geplanten und zeitgesteuerten Frames, die Adresstabelleneinträge nur für die Applikation bzw. den internen Port des Gerätes benötigt und ohne VLAN-Prioritäten-Auswertung arbeitet.

Beim Kompatibilitätsverfahren TAF wird die Zuordnung von zeitgesteuerten Frames in eine entsprechende Queue nicht anhand der VLAN-Priorität vorgenommen, sondern ist abhängig vom Empfangszeitpunkt (RX). Der Zeitbereich, in dem auf der Empfangsseite ein Frame als zeitsensitiv identifiziert wird, wird analog zu der im Kontext von TAS auf der Sendeseite (TX) verwendeten Bezeichnung „Gate" als „RX-Gate" bezeichnet. Es findet eine Zieladressprüfung statt: Wenn das Frame für den lokalen (internen) Port bestimmt ist, wird es an diesen weitergeleitet. Für diese Frames sind Einträge in die Adresstabelle notwendig. Alle anderen Frames werden auf den zweiten externen Port weitergeleitet. Es werden also auch TSN-Frames weitergeleitet, die an der Bridge empfangen werden, weil diese Frames auch so geplant wurden, für die aber eine Routeninformation noch nicht konfiguriert ist. Nach PROFINET-Standard V2.4 ist dieses Verhalten für TSN-Frames falsch [PNV2.4]. In der Praxis hat dieses alternative Verhalten bei Geräten mit zwei externen Ports aber keine negativen Auswirkungen auf die Ethernet TSN-Netzwerke oder Endgeräte, da zeitgesteuerte Frames nicht beliebig im Netzwerk vorhanden sind, sondern nur dann von einem Gerät empfangen werden, wenn die Frames für das Gerät selbst bestimmt sind oder weitergeleitet werden sollen. Das nach IEEE 802.1Q im Bereich Time Aware Traffic Shaping definierte Schutzband (Guard Band) ist identisch mit der PROFINET-Funktion „gelbe Phase", die in der PROFINET-Hardware implementiert ist [PNV2.3]. Der zeitsensitive Empfang kann mit der nach PROFINET definierten Funktion Red-Guard (in [PNV2.3] auch als „RiR – Receive in Red" bezeichnet) realisiert werden [PNV2.3].

Abbildung 60 zeigt für die beiden Kommunikationsrichtungen Inbound und Outbound das Verfahren in Diagrammen an einer Beispieltopologie: Die Geräte 2, 3 und 4 (jeweils eine Bridge mit Applikation) nutzen das TAF-Verfahren und kommunizieren über ein TSN-Netzwerk, das zwei Gigabit-TSN-Switches (0 und

1) und eine Steuerung (rechts) enthält. Die TAF-Geräte 2, 3 und 4 senden und empfangen jeweils ein zeitgeplantes TSN-Frame.

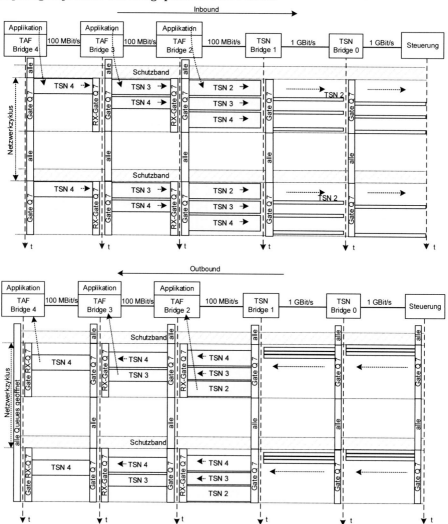

Abbildung 60: Zeitdiagramm TAF-Kommunikation [SA21]

Das Architekturmodell einer TAF-Bridge in Abbildung 61 basiert auf einer be-stehenden PROFINET IRT-Hardware. Das dargestellte Zeitverhalten der bei-spielhaft gezeigten Frames ist identisch mit der TSN-Bridge aus Abbildung 43. Auf der Empfangsseite wird zusätzlich die IRT-Funktion „Red-Guard" genutzt und auf der Sendeseite die IRT-Queue verwendet.

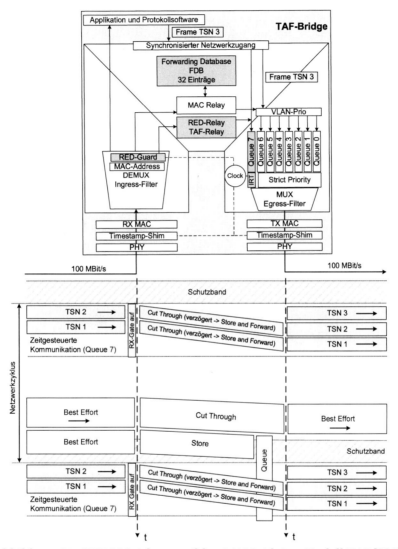

Abbildung 61: IEEE 802.1-kompatibles LAN-Bridging-Modell TAF [S21]

In Abbildung 62 ist das Time Aware Forwarding in einem Übersichtsbild als Kombination der Bridgetypen inkl. einer TSN-Domänengrenze zu sehen. Auf der linken Seite und in der Mitte findet sich eine TAF-Bridge, die auf einer PRO-FINET IRT-Hardware basiert, und auf der rechten Seite eine TSN-Bridge, die über die Datenrate von 1 GBit/s verfügt.

Mit TAF sind die Anforderungen an die Hardware so reduziert und geändert, dass bestehende PROFINET-Hardware der PROFINET-Version 2.3 genutzt werden kann.

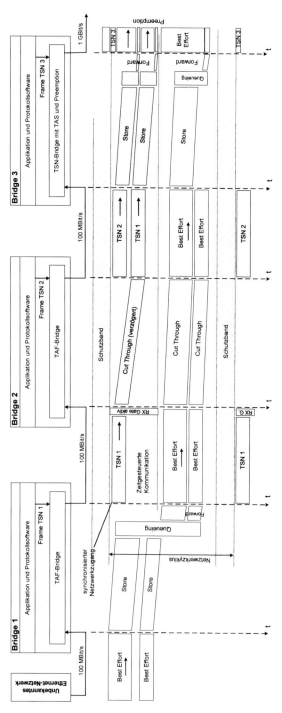

Abbildung 62: Kompatibilitätsverfahren Time Aware Forwarding

5.3 Verteilter kooperativer Domänenschutz (VKDS)

Mit dem Kompatibilitätsverfahren Verteilter kooperativer Domänenschutz (VKDS) soll das Funktionsproblem der fehlenden VLAN-Remapping-Hardware gelöst werden. Es wurden drei verschiedene Lösungsansätze erarbeitet:

Lösungsansatz A: Port Blocking
Der Ethernet-Port an einer TSN-Domänengrenze oder bestimmte Prioritäten-Queues dieses Ports werden auf „Blockieren" gestellt. Dieses Verfahren kann mit der bestehenden Hardware umgesetzt werden, da PROFINET diese Funktion z. B. für das Auflösen von Ringen in einer Topologie verwendet [PNV2.3]. Das Anschließen von bestehenden PROFINET RT-Geräten oder anderen Geräten ist nicht möglich. Der Bedarf, PROFINET RT-Geräte anzuschließen, verliert allerdings an Bedeutung, wenn Migrationsverfahren, wie sie die vorliegende Arbeit beschreibt, genutzt werden.

Lösungsansatz B: Übertragungsressource
Für jede TSN-Domänengrenze, die keinen Domänenschutz enthält, wird in der ganzen TSN-Domäne explizit eine Übertragungsressource vorgehalten. Dies stellt sicher, dass in dem jeweiligen Zyklus alle Queues im ganzen Netzwerk am Ende des Schutzbandes, also vor Beginn der zeitgesteuerten Kommunikation, geleert sind. Dazu wird jeder Zugang zu der TSN-Domäne (Applikationen, Domänengrenzen) auf einen bestimmten maximalen Durchsatz gedrosselt. Die notwendigen Berechnungen können in eine zentrale Konfigurationslogik integriert werden. Das Verfahren verbraucht Übertragungsressourcen und hat einen Anstieg der kleinsten erreichbaren Zykluszeit zur Folge.

Lösungsansatz C: verteilter kooperativer Domänenschutz
Aufgrund der Nachteile der Lösungsansätze A und B wurde das Kompatibilitätsverfahren C, der verteilte kooperative Domänenschutz (VKDS), gewählt, das auf TAF aufbaut.

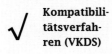 **Kompatibilitätsverfahren (VKDS)**	Das VLAN-Remapping wird nicht an der Domänengrenze implementiert, wenn dort ein TAF-Gerät ohne VLAN-Remapping-Hardware eingesetzt wird. Es wird dann ein verteiltes kooperatives Schutzprinzip angewendet: Der erste TSN-Switch, der das VLAN-Remapping unterstützt, nimmt das Remapping stellvertretend vor. Der Domänenschutz bis zu diesem Switch ist durch das Time Aware Forwarding implizit gegeben.	

Als Funktionsreferenz zeigt Abbildung 63 in einer Beispieltopologie zunächst, dass das VLAN-Prioritäten-Remapping an der TSN-Domänengrenze erfolgen kann und laut Standard vorgeschrieben ist [PNG20]. In Abbildung 46 im Kapitel zum Stand der Wissenschaft und Technik führte die Tabelle die Definition für PROFINET over TSN-Domänen auf.

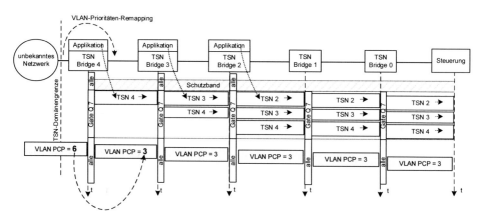

Abbildung 63: Domänenschutz durch VLAN-Prioritäten-Remapping

Das Verfahren TAF schützt die zeitgesteuerte Kommunikation in der Linientopologie vor Frames, die aus dem unbekannten Netzwerkteil in die TSN-Domäne eingespeist werden. Ein Remapping der VLAN-Priorität wird dann notwendig, wenn das Weiterleitungsverfahren nicht mehr TAF ist, sondern IEEE 802.1Q TAS oder Preemption, das auf VLAN-Prioritäten-angesteuerten Queues basiert, stattfindet. Im Beispiel in Abbildung 64 wird das Remapping stellvertretend an TSN-Bridge 1 durchgeführt und nicht an der TSN-Domänengrenze (TAF-Bridge 4). Dabei wurde die Remappingtabelle erweitert: Es werden die Frames umgeschrieben (remapping), die nicht als TSN-Eintrag konfiguriert sind. Dies entspricht dann der IEEE-Funktion Stream Translation, die auch bei der Übersetzung von TSN-Frames bei gekoppelten TSN-Domänen genutzt wird [PNV2.4].

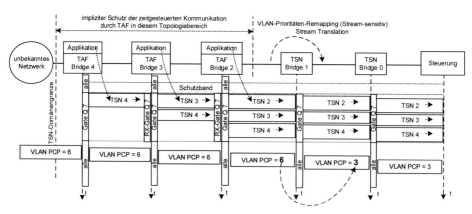

Abbildung 64: Verteilter kooperativer TSN-Domänenschutz

Abbildung 65 zeigt das Domänenschutzprinzip mit zwei TAF-Bridges (1 und 2) und einer IEEE-TSN-Bridge (3) mit dem Prioritäten-Remapping im Detail. Der Port der TSN-Bridge 3 auf der rechten Seite verfügt über die Datenrate 1 GBit/s und nutzt Preemption.

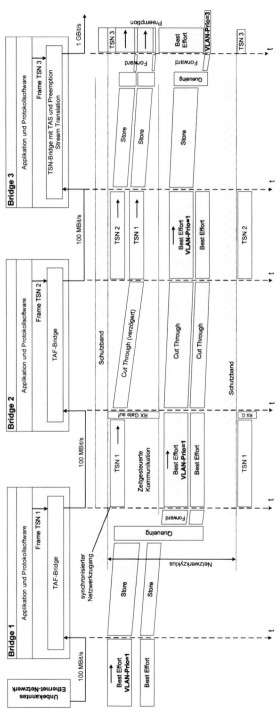

Abbildung 65: VKDS im Detail

Automatische Konfiguration von VKDS

Der verteilte kooperative Domänenschutz muss konfiguriert werden. Grundsätzlich kann dies zentral erfolgen. Dafür sind aber Erweiterungen im Netzwerkmanagement erforderlich. Aus diesem Grund wurde ein Verfahren entwickelt, das sich in den Feldgeräten umsetzen und mit Konfigurationswerkzeugen ohne spezifische Erweiterungen verwenden lässt. Das automatische Konfigurationsprotokoll nutzt und erweitert LLDP. Die Erweiterungen im LLDP-Frame beinhalten eine Information, die angibt, ob das Gerät, welches das LLDP sendet, TSN-Domänenschutzunterstützung benötigt. Dazu wird zunächst von diesem Gerät festgestellt, dass die Domäne geschützt werden muss und das Nachbargerät nicht zur TSN-Domäne gehört. Wenn es sich bei diesem Gerät um ein TAF-Gerät ohne VLAN-Remapping-Funktion handelt, wird diese Information über LLDP an die weiteren Geräte übertragen, bis ein Gerät gefunden wird, welches das Remapping durchführen kann. Abbildung 66 zeigt diesen Zusammenhang. Dieses Remapping ist dann Stream-sensitiv bzw. es wird Stream Translation verwendet.

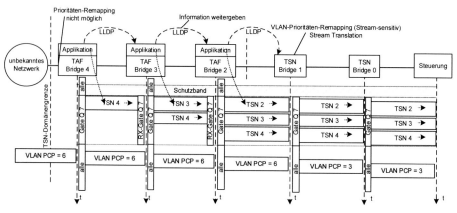

Abbildung 66: Dezentrale automatische Konfiguration

Weiterhin wird das für TAF notwendige RX-Gate gesteuert. An der TSN-Domänengrenze (TAF Bridge 4) wird das RX-Gate geschlossen. Für TAF-Geräte, deren Hardware kein VLAN-Prioritäten-Remapping durchführen kann, sieht der Pseudocode, der die beschriebene automatische VKDS-Konfiguration vornimmt, wie folgt aus:

```
// PSEUDOCODE VKDS TAF-Geraete, deren Hardware kein Prioritaeten-Remapping durch-
fuehren kann

INT LLDP.received              // ein neues LLDP-Frame befindet sich in der Mailbox
INT LLDP.Port.TSNDomain        // TSN-Domaenenbezeichnung des Nachbargeraetes
INT local.TSNDomain            // TSN-Domaenenbezeichnung des Geraetes auf
                               dem der Code ausgefuehrt wird
INT local.Port.REDGuardCloseTime   // Zeitpunkt, in der zyklischen Phase an dem das
                               RX-Gate geschlossen wird
INT LLDP.VKDS                  // Variable als LLDP-TLV, mit der die VKDS aktiviert
                               wird -> per LLDP wird von einem Geraet zum
                               naechsten eine VKDS-Variable weitergeben, bis ein
                               TSN-Switch gefunden wird, der VLAN-Prioritaeten-
                               Remapping unterstuetzt
INT LLDPremote.Port_N.VKDS     // auf Port N sind TSN-Geraete angeschlossen, die
                               kein Prioritaeten-Remapping durchfuehren koennen

WHILE (1)
{
        LLDP.Port_N.VKDS = LLDPremote.Port_N.VKDS; // Weiterleiten der VKDS-Aktivie-
rung
        IF (LLDP.received == 1)
        IF (LLDP.Port.TSNDomain == local.TSNDomain)
                {
                local.Port.REDGuardCloseTime = LLDP.Port_n.TXGateEventTime;// ein-
schalten
                LLDP.VKDS = 1;
                }
                ELSE
                {
                local.Port.REDGuardCloseTime = 0;
        // ausschalten
                LLDP.VKDS = 0;
                }
        }
}
```

Für Geräte, deren Hardware ein VLAN-Prioritäten-Remapping und die Stream Translation durchführen kann, lautet der Pseudocode, der die automatische VKDS-Konfiguration vornimmt, wie folgt:

```
// PSEUDOCODE VKDS für TSN-Switches

INT VLANPrioRemapping.Port_n            // Variable, mit der Prioritaeten-Remapping für
                                        einen bestimmten Port grundsaetzlich einge-
                                        schaltet wird
INT VLANPrioRemappingMode.Port_n        // Variable, mit der der Prioritaeten-Remapping-
                                        Modus eingestellt werden kann
INT StreamTranslationMode               // VLAN-Remapping-Modus, der für in der FDB
                                        konfigurierten TSN-Streams kein Prioritaeten-
                                        Remapping durchführt
INT StandardVLANRemappingMode           // Stream-Translation-Modus, der das Prioritae-
                                        ten-Remapping für alle Frames durchfuehrt
INT LLDPremote.Port_N.VKDS              // auf Port N sind TSN-Geraete angeschlossen, die
                                        kein Prioritaeten-Remapping durchführen kön-
                                        nen

WHILE (1)
{
        IF (LLDP.received == 1)
        {
                IF ((LLDP.Port.TSNDomain == local.TSNDomain) && (LLDPre-
                mote.Port_N.VKDS == 1))
                                                        // VKDS wurde in der
                                                        Linie aktiviert
                {
                VLANPrioRemapping.Port_n = 1;           // -> einschalten
                VLANPrioRemappingMode.Port_n = StreamTranslationMode;
                }
                IF ((LLDP.Port.TSNDomain != local.TSNDomain) // Domaenengren-
                zengeraet
                {
                VLANPrioRemapping.Port_n = 1;           // -> einschalten
                VLANPrioRemappingMode.Port_n = StandardVLANRemappingMode;
                }
                ELSE IF ((LLDP.Port.TSNDomain == local.TSNDomain) && (LLDPre-
                mote.Port_N.VKDS == 0))
                {
                VLANPrioRemapping.Port_n = 0;           // -> ausschalten
                }
        }
}
```

5.4 Individuelle Bestimmung Zeitsynchronisations- güte (IZG)

Mit dem Kompatibilitätsverfahren IZG wird die Inkompatibilität der zu geringen Zeitsynchronisationsungenauigkeit quantifizierbar und damit beherrschbar gemacht. Das Grundprinzip des Verfahrens sieht vor, dass dann, wenn Eigenschaften wie z. B. Oszillatorstabilität oder Zeitstempelauflösungen nicht ausreichend sind, um eine Zeitsynchronisationsgarantie von 1 µs für die Maximalkonfiguration per Leistungszertifizierung als Herstellergarantie geben zu können, individuell bestimmt wird, welche Genauigkeitsgarantie für ein spezifisches Netzwerk erzielbar ist. Gegebenenfalls muss als Reaktion auf eine geringere Synchronisationsgenauigkeit der mögliche Netzwerkdiameter reduziert (Topologie ändern) oder eine reduzierte Genauigkeitsgarantie gegenüber der Applikation gemeldet werden. Für die konkrete Inkompatibilität zwischen PROFINET IRT-Hardware und PROFINET over TSN soll der Unterschied der Genauigkeitsanforderungen an die Geräte, die die Protokolle PTCP und IEEE 802.1AS erfordern, in zwei Genauigkeitsklassen abgebildet und mit einem einfachen Prognosemodell eine individuelle Genauigkeit für ein spezifisches Netzwerk berechnet werden.

Kompatibilitätsverfahren Individuelle Bestimmung Zeitsynchronisationsgüte (IZG)	Die Eigenschaften der Zeitsynchronisation des Synchronisationspfades werden modelliert und die Genauigkeit wird spezifisch berechnet. So können Komponenten mit zu schwachen Synchronisationseigenschaften eingesetzt werden.

Allgemeine Prognosemodelle für Synchronisationsgenauigkeit
Das Kompatibilitätsverfahren IZG basiert grundsätzlich auf einer Modellierung des Synchronisationspfades. In Zusammenhang mit dieser Arbeit entwickelte Konzepte sind bereits in [S15, S14-1, S14-2] und [S13-2] publiziert worden. Das Verfahren ist in seiner Präzision und damit in der Leistungsfähigkeit skalierbar und kann in der Anwendung sowohl manuell verwendet als auch in einer TSN-Planungs- und -Konfigurationslogik (CNC, NME) automatisiert implementiert werden.

Herleitung des Verfahrens aus der Problemstellung
Das grundsätzliche Problem bei der Zeitsynchronisation ist, dass sich Fehler entlang des Synchronisationspfades aufsummieren. Bei einem Netzwerkdiameter von 64 Bridges entstehen für jedes Frame 128 Zeitstempel, deren Abweichungen zu betrachten sind. Es werden 63 Ethernet-Verbindungen mit verschiedenen physikalischen Übertragungsmedien genutzt, die Ungenauigkeiten erzeugen. Für die Verzögerungsasymmetrie der Ethernet-Kabel und für jede

Verbindung muss der maximal ungünstigste Wert einer maximalen Leitungslänge von 100 m einberechnet werden. Die 64 Geräte nutzen jeweils einen eigenen Taktgeber (Quarzoszillator), der neben eigenen Abweichungen auf Umwelteinflüsse, z. B. die Umgebungstemperatur, reagiert und damit Ungenauigkeiten erzeugt. Das Aufsummieren aller ungünstigsten Werte der genannten Ungenauigkeitsquellen führt zu hohen Gesamtwerten, die weit über dem geforderten Wert von maximal 1 µs liegen. In der Realität sind die Genauigkeiten dabei um ein Vielfaches geringer, da (1) die vielen verschiedenen maximal möglichen Ungenauigkeiten unabhängig voneinander sind und sich gegenseitig kompensieren, (2) die Frequenzregelung durch eine gewisse Trägheit verbleibende statistische Ausreißer ausfiltert und (3) die Leitungslängen häufig kürzer als die maximal zulässige Länge von 100 m sind. Mit einem Modell des Zeitsynchronisationspfades kann eine Einschätzung der zu erwartenden Genauigkeit eines spezifischen Netzwerks gegeben werden. Da in einem TSN-Netzwerk ohnehin die Topologie bekannt ist, die Geräteeigenschaften modelliert werden und im zentralen Konfigurationsmodell diese Informationen an einer Stelle vorliegen, kann ein solches Verfahren einfach integriert sein. Dieser Grundansatz kann in unterschiedlichen Leistungsstufen ausgeprägt werden. Grundsätzlich gilt, dass eine präzisere Berechnung der Genauigkeitsgarantie eine höhere Modellkomplexität erfordert. Der Detaillevel einer Synchronisationspfadmodellierung bestimmt also die Genauigkeit der Bestimmung der Synchronisationsgenauigkeit. Davon hängt ab, welche Garantien gegeben werden können. Ein hohes Detaillevel führt zu komplexen Modellen und erfordert eine sehr präzise Gerätemodellierung [S15].

Spezifisches IZG-Kompatibilitätsverfahren für PROFINET IRT-Hardwarekompatibilität zu Ethernet TSN mit einfachem Prognosemodell und zwei Genauigkeitsklassen

In dieser Arbeit wird für das konkrete Beispiel, in dem PROFINET IRT-Hardware für Ethernet TSN genutzt werden soll, eine einfache Modellierung vorgeschlagen, die für die Kompatibilität von PROFINET IRT-Hardware zu Ethernet TSN ein ausgewogener Kompromiss ist. Es wird dabei in zwei Genauigkeitsklassen unterschieden. Klasse A steht für die Gerätegenauigkeit, die für die Erreichung einer Gesamtgenauigkeit unter allen Maximalzuständen (Synchronisationspfadtiefe 64 Geräte, Temperaturschwankungen) für das Protokoll IEEE 802.1AS erforderlich ist. Klasse B steht für Geräte mit einer für IEEE 802.1AS nicht ausreichenden Genauigkeit (PROFINET IRT-Hardware). Da IRT-Hardware für einen Sendezyklus von 30 ms anstatt 125 ms ausgelegt werden muss, wird hier die These aufgestellt, dass die Hardware ca. 4,167 Mal (125/30) schwächer ausgelegt werden kann als für das Protokoll IEEE 802.1AS. Prognostisch lässt sich die Gesamtungenauigkeit $t_{\Delta Prognose}$ anhand der Ungenauigkeitsparameter $t_{\Delta TC}$ der jeweiligen Geräteklassen A und B und einer Prognoseformel berechnen. Der

Ungenauigkeitsparameter je Bridge (Transparent Clock TC) ist für PTCP-Hardware entsprechend 4,167 Mal größer als für IEEE-802.1AS-Hardware, wie Tabelle 15 zeigt.

Tabelle 15: Spezifisches IZG-Verfahren mit Prognosemodell mit 2 Klassen

Genauigkeitsklassen k	A: Genauigkeit Hardware ausgelegt für das Protokoll IEEE 802.1AS mit Sendezyklus der Synchronisation 125 ms und Netzwerkdiameter 64	B: Genauigkeit Hardware ausgelegt für das Protokoll PTCP mit Sendezyklus der Synchronisation 125 ms und Netzwerkdiameter 64
Ungenauigkeitswert einer Bridge (Transparent Clock)	$t_{\Delta TC\_A}$	$t_{\Delta TC\_B} = 4{,}167 \cdot t_{\Delta TC\_A}$

Abgeleitet aus der vorgestellten Prognoseformel 3.7 zeigt Formel 5.1, wie die zu erwartende maximale Abweichung $t_{\Delta Prognose}$ mit den Bridges (TC) eines Synchronisationspfades 1 bis n unter Berücksichtigung der statistischen Zusammenhänge und der jeweiligen Ungenauigkeitswerte $t_{\Delta TC\_k}$ mit der Genauigkeitsklasse $k = A$ oder $k = B$ und der initialen Ungenauigkeit des Synchronisationsmasters $t_{\Delta GM}$ angenähert werden kann [S14]. „i" entspricht der Position der jeweiligen Transparent Clock im Synchronisationspfad.

$$t_{\Delta Prognose}(i) = t_{\Delta GM} + \sum_{i=1}^{n}\left[\frac{1}{\sqrt[2]{i}} \cdot t_{\Delta TC\_k}(i)\right] \qquad k \in \{A; B\} \qquad (5.1)$$

Mit dem hier als Beispielwert eingesetzten $t_{\Delta TC\_B} = 22\ ns$ und $t_{\Delta GM} = 50\ ns$ sieht die Prognose der zu erwartenden Abweichung mit steigender Synchronisationspfadlänge wie in Abbildung 67 dargestellt aus.

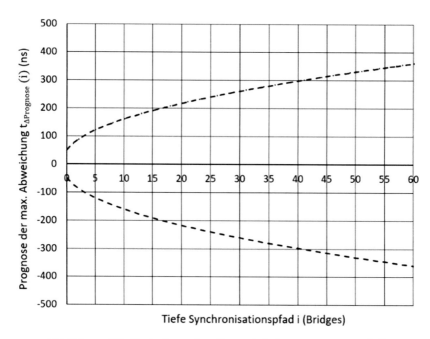

Abbildung 67: Verhalten des Genauigkeitsprognosemodells

6 Validierung der Verfahren

In diesem Kapitel wird die Validierung der Kompatibilitätsverfahren beschrieben. Dazu erfolgt eine Erläuterung der grundlegenden Validierungsmethoden für vernetzte Systeme. Im Anschluss wird eine für diese Arbeit geeignete Validierungsmethode abgeleitet. Nach einer Beschreibung des implementierten Prototyps und der grundsätzlich verwendeten Mess- und Testsysteme wird die jeweilige Validierung für die Kompatibilitätsverfahren mit den entsprechenden Testumgebungen und Ergebnissen näher betrachtet.

6.1 Validierungsmethode und Metriken

6.1.1 Validierung und Leistungsmessung in vernetzten Systemen

Für Funktionsanalysen, Leistungsanalysen oder Validierungen von vernetzten Systemen sind drei grundsätzliche Methoden bekannt [RJ92]: die analytische Modellierung, die Simulation sowie die Messung an Prototypen. Welche Methode für eine konkrete Analyse oder Validierungsaufgabe geeignet ist, kann an sieben Kriterien bewertet werden, wie aus Tabelle 16 zu ersehen ist.

Tabelle 16: Validierungsmethoden für vernetzte Systeme nach [RJ92]

		Methode		
		Mathematische Modellierung	Simulation	Messung
Kriterium	1. Entwicklungsstadium	jedes	jedes	Prototyp
	2. Zeitbedarf	klein	mittel	unterschiedlich
	3. Werkzeuge und Wissen	Mathematik	Computer und Programmiersprachen	Messtechnik
	4. Genauigkeit und Korrektheit	klein	mittel	variiert
	5. Evaluation von Abhängigkeiten und Extremzuständen	einfach	mittel	schwer
	6. Kosten	klein	mittel	hoch
	7. Veräußerbarkeit	klein	mittel	hoch

© Der/die Autor(en), exklusiv lizenziert durch
Springer-Verlag GmbH, DE, ein Teil von Springer Nature 2022
S. Schriegel, *Kompatibilitätsverfahren für Profinet-Hardware mit Ethernet Time Sensitive Networks*, Technologien für die intelligente Automation 16,
https://doi.org/10.1007/978-3-662-64742-4_6

6.1.2 Auswahl einer grundlegenden Validierungsmethode

In dieser Arbeit sollen Kompatibilitätsverfahren validiert werden. Dies umfasst die Kompatibilitäten zu Ethernet TSN und zu Echtzeit-Ethernet-Hardware. Eine Validierung auf der Basis einer analytischen Modellierung würde ein entsprechendes Modell der Hardware erfordern, das wiederum selbst auf Richtigkeit geprüft werden müsste. Das Gleiche gilt für die Simulation eines derartigen Systems. Die Verfahren wurden daher mithilfe von Prototypen validiert. Dabei stehen die Kompatibilität sowie die Funktions- und Leistungsgrenzen der Verfahren im Mittelpunkt. Geprüft wurden (1) die Prototypen mit TSN-Geräten in typischen Konfigurationen, (2) das Verhalten in Maximalkonfigurationen und Extremzuständen (gezielte Manipulation der Zeitsynchronisation, Netzlast) und (3) mit spezieller TSN-Messtechnik das Zeitverhalten im Detail. Nach [RJ92] sind Abhängigkeiten und Extremzustände ein nachteiliges Kriterium einer prototypenbasierten Validierung. Diese Extremzustände können häufig nicht erreicht werden, weil Prototypensysteme dafür nicht über ausreichend quantitative Vorrausetzungen verfügen und nicht ausreichend instrumentiert sind. Mit der hier entwickelten Testumgebung und Messtechnik konnte dies jedoch ausgeglichen werden. Abbildung 68 fasst das Validierungskonzept grafisch zusammen.

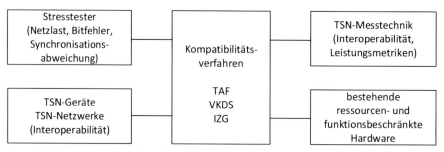

Eigenschaften: Echtzeitdurchsatz, Netzwerkdiameter, Jitter, Latenzzeit, Zeitsynchronisationsgenauigkeit, Topologiemöglichkeiten

Funktionen: gemischte Datenraten, mehrere Steuerungen, stoßfreie Rekonfiguration, zeitgesteuerte Kommunikation, Protokollkonvergenz

Abbildung 68: Validierungskonzept Prototypen und Messungen

6.1.3 Leistungseigenschaften und Funktionen

Die in Kapitel 2 vorgestellten allgemeinen Leistungseigenschaften und Funktionsanforderungen, die an industrielle Kommunikationssysteme gestellt werden, wurden für die Validierung der Kompatibilitätsverfahren herangezogen. Für ein spezifisches Feldgerät, das die Kompatibilitätsverfahren nutzt, werden die Leistungseigenschaften und Funktionsanforderungen entsprechend für die

Einzelkomponente (die in einem solchen System funktionieren muss) abgeleitet; dabei lassen sich auch messbare Parameter (Anforderungen) herleiten. Tabelle 17 gibt die Metriken für die Validierung einer 100 MBit/s-TSN-Komponente mit zwei externen Ethernet-Ports an.

Tabelle 17: Netzwerkeigenschaften für die Validierung

Metrik	Anforderung
Echtzeitdurchsatz	50 MBit/s [PN20]
Netzwerkdiameter	64 [PN20]
Jitter-zeitgesteuerte Kommunikation	± 1 µs [PN20]
Latenzzeit	≤ 3 µs je Bridge [PN20]
Zeitsynchronisationsgenauigkeit	≤ ± 1 µs [PN20]

Neben diesen messbaren Leistungseigenschaften müssen definierte Funktionalitäten der Ethernet TSN-Netzwerke, in denen die Geräte mit Kompatibilitätsverfahren integriert sind, gegeben sein. Tabelle 18 nennt die Funktionalitäten, die entsprechend validiert werden müssen.

Tabelle 18: Funktionen, die getestet werden

Funktionsanforderung	Parameter	Wert
Gemischte Datenraten	Datenratenkombinationen	100 MBit/s, 1 GBit/s [PN20]
Mehrere Steuerungen	Anzahl Steuerungen	> 1 [PN20]
Stoßfreie Rekonfiguration	Frameverluste	0 Frames
	Maximale zeitliche Abweichung zeitgesteuerter Kommunikation im Moment der Rekonfiguration	< 1 µs [PN20]
Protokollkonvergenz (verschiedene Protokolle nutzbar in der Kommunikationsklasse zeitgesteuerte Kommunikation)	Protokoll	PROFINET, OPC UA [PN20]
Zeitgesteuerte Kommunikation	Maximale zeitliche Abweichung	< 1 µs [PN20]

Zusätzlich zu den beschriebenen Metriken und Funktionen sollen die Verfahren im Rahmen von Fehlersituationen validiert werden. Hier ist zu prüfen, ob sich die Verfahren wie die Standard-TSN-Verfahren verhalten. Tabelle 19 gibt einen Überblick über die Fehlerbilder, die in der Validierung genutzt worden sind.

Tabelle 19: Fehlerbilder für die Validierung

Fehlerbild	Parameter	Erwartetes Verhalten
Zeitsynchronisationsgenauigkeit	Ungenauigkeit > |1 µs|	Einfluss auf die zeitgesteuerte Kommunikation (Scheduled Traffic)
Bitfehler	BER – Bit Error Rate	Einfluss auf die Kommunikation: Frames fallen aus, andere Frames werden dadurch früher übertragen
Netzlast inklusive fehlerhafter Geräte (wie z. B. VLAN-Fehlkonfiguration) an den Domänengrenzen	Durchsatz [Bit/s] VLAN-Prioritäten [0 bis 7] Framelänge [Byte]	Kein Einfluss auf die zeitgesteuerte Kommunikation (Scheduled Traffic) Einfluss auf die Kommunikation, wenn der Domänenschutz aufgrund eines Fehlers nicht wirkt

6.2 Prüfling

Die Kompatibilitätsverfahren Time Aware Forwarding und Verteilter kooperativer Domänenschutz wurden mit einem IEEE-802.1AS-Zeitsynchronisations-
stack und einem synchronisierten Netzwerkzugang auf dem PROFINET-Chip
implementiert. Abbildung 69 zeigt den Chip mit weiteren Bauelementen auf
einer Platine. In der Mitte und auf der rechten Seite oben ist zu erkennen, dass
die Kompatibilitätsverfahren VKDS und TAF die Hardware (PROFINET-IP-Core,
PROFINET IRT-Switch) nutzen und konfigurieren. Für die Arbeit standen 4 verschiedene Hardwaredesigns (Platinen oder Geräte) zur Verfügung, die sich in
den Applikationsanschaltungen unterscheiden. Im Folgenden wird keine Un-
terscheidung gemacht, welche Platine oder welcher Gerätetyp für welche Tests
verwendet worden ist, da das Kommunikationsverhalten gleich ist.

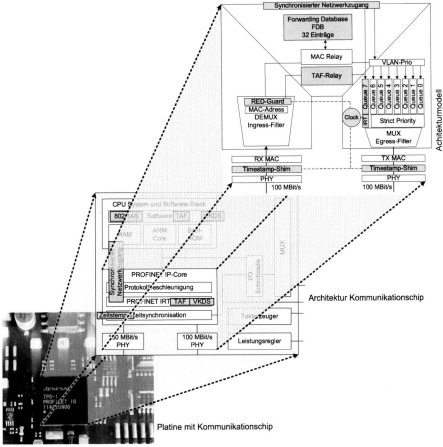

Abbildung 69: Prototyp mit Kompatibilitätsverfahren

6.3 Eingesetzte Geräte sowie Test- und Messequipment

Für die Tests wurden Ethernet TSN-Geräte und Ethernet-Geräte ohne TSN-Funktionen genutzt. Darüber hinaus kamen Ethernet-Lastgeneratoren und Ethernet-Messsysteme zum Einsatz, die im Folgenden beschrieben werden.

Es standen verschiedene Geräte zur Verfügung, die einzelne TSN-Funktionen implementieren. Bei diesen handelt es sich um Prototypen ohne Schnittstellen für eine Konfiguration. Zum Zeitpunkt der Arbeit standen weder IEC/IEEE 60802-konforme Geräte noch IEC/IEEE 60802-Konformitäts- oder Zertifizierungssysteme zur Verfügung. Auch für den Standard PROFINET over TSN war dies der Fall.

NXP Layerscape LS 1028
Von NXP waren Layerscape-LS-1028-TSN-Switches verfügbar. Der Layerscape LS 1028 verfügt über 4 Ethernet TSN-Ports mit einer Datenrate von maximal 1 GBit/s. Die Switches unterstützen Cut Through, Preemption, VLAN-Handling, Time Aware Traffic Shaping und Zeitsynchronisation nach IEEE 802.1AS. Die Konfiguration erfolgt über Skripte, die im Linux-Betriebssystem ausgeführt werden.

NXP i.MX 8M
Der NXP i.MX 8M ist ein Chip für Edge-Geräte mit Multimediafunktionen. Die NXP-Recheneinheit basiert auf 14-nm-Technologie. Der Chip verfügt über Gigabit-Ethernet mit Time-Sensitive Networking (TSN) und einer ARM-Cortex-M7-CPU.

XILINX TSN FPGA
Der XILINX-TSN-IP-Core unterstützt zwei Ports mit 100 MBit/s und 1 GBit/s. Die TSN-Funktionen umfassen unter anderem IEEE 802.1AS, IEEE 802.1Qbv, IEEE 802.1Qbu und IEEE 802.3br.

Hilscher netX 90
Der Hilscher netX 90 [N09] hat zwei externe Ports mit einer Datenrate von 100 MBit/s, integriertem Flash-Speicher, integriertem PHY-Transceiver und zwei integrierten ARM-Cortex-M4-CPUs. Mit der verwendeten Konfigurationsfirmware unterstützt der netX 90 IEEE 802.1AS und IEEE 802.1Qbv bei einer Datenrate von 100 MBit/s.

Intel i210
Der Intel i210 ist ein Gigabit-Ethernet-Chip, der die Möglichkeit von IEEE 802.1AS und zeitgesteuertem Senden bietet.

Phoenix Contact FL 2000
Vom Unternehmen Phoenix Contact wurde ein FL 2000 verwendet. Der Switch hat 16 Ethernet-Ports mit einer Datenrate von maximal 1 GBit/s. Der Switch ist für die Nutzung in Schaltschränken als Gerät für die Schutzklasse IP20 für die Montage auf einer Hutschiene ausgelegt.

PROFINET-Steuerungen von Siemens und Phoenix Contact
Es wurden PROFINET-Steuerungen der Unternehmen Siemens und Phoenix Contact verwendet. Die Siemens CPU 1500 kann in den Betriebsmodi RT und IRT verwendet werden. Die Phoenix-Contact-Steuerung vom Typ AXL-Control 3152 lässt sich im Betriebsmodus RT verwenden.

6.3.1 Ethernet-Lastgeneratoren

Für die Validierung wurden Ethernet-Lastgeneratoren verwendet, um das System in verschiedenen Extremzuständen zu betreiben.

Anritsu MD1230B
Das MD1230B des Unternehmens Anritsu ist ein universelles Netzwerkanalysegerät. Es können je nach Ausstattung der fünf Erweiterungsplätze Tests und Messungen an Ethernet-Netzwerken oder Ethernet-Geräten bis zu einer Datenrate von 10 GBit/s durchgeführt werden. Das Erzeugen und Auswerten von Daten ist Hardware-unterstützt. Dies ermöglicht das Testen von maximalen Datendurchsätzen. Das Gerät kann flexibel konfiguriert werden. Weiterhin lassen sich vorgefertigte Testskripte verwenden. Testskripte nach IETF RFC 2889 und RFC 2544 ermöglichen den Test mit genormter Netzlast.

OWITA Flexegen
Das Flexegen des Unternehmens OWITA ist ein universelles Netzwerkanalysegerät und verfügt über zwei Ethernet-Ports mit jeweils einer Datenrate von 100 MBit/s, die für Tests verwendet werden können. Die beiden Ports können dabei in einem Durchleitemodus arbeiten. Dabei lassen sich gesteuert Manipulationen vornehmen. Dies können zum Beispiel das Einfügen von Bitfehlern oder eine gezielte Verzögerung sein.

6.3.2 Messtechnik

Mit Messtechnik wurde die Richtigkeit der Kommunikation an den Prototypensystemen validiert.

Fraunhofer-TSN-Monitor

Zur Validierung des richtigen Zeitverhaltens der Ethernet TSN-Kommunikation wurde eine bei Fraunhofer IOSB-INA entwickelte Messlösung verwendet. In einem PROFINET TSN-Netzwerk mit genutzter Echtzeit-Kommunikationsbandbreite von 20 % bei einer Datenrate von 1 GBit/s sind es mehr als 300.000 Frames jede Sekunde, deren Zeitverhalten gemessen oder überprüft werden muss. Gängige Netzwerkanalysewerkzeuge wie Wireshark sind nicht geeignet. Die entwickelte TSN-Messtechnik basiert auf einem TSN-Monitor-IP-Core, der in ein FPGA implementiert wurde. Über Netzwerk-TAPs wird ein hochohmiger Abgriff der Ethernet-Frames realisiert. Ein Ethernet-PHY setzt die Ethernet-Signale auf eine digitale MII- bzw. GMII-Schnittstelle um. Der TSN-Monitor-IP-Core wertet die Frames auf dieser Schnittstelle aus und erzeugt Signale, die von einem Oszilloskop angezeigt werden können. Die Auswertung der Frames und die entsprechende Signalerzeugung können konfiguriert werden. Die Erzeugung eines Signals auf der Basis eines zyklischen Frames kann als Triggersignal für das Oszilloskop genutzt werden. Weiterhin lassen sich Protokollfilter verwenden. Implementiert wurde die Lösung für die Datenraten 100 MBit/s und 1 GBit/s. Es können dabei ein, zwei oder mehr Messpunkte genutzt werden. Abbildung 70 zeigt das Messsystem mit zwei Messpunkten.

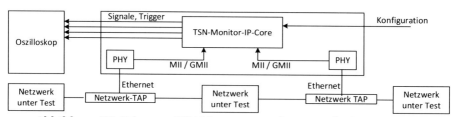

Abbildung 70: Ethernet TSN-Messsystem des Fraunhofer IOSB-INA

6.4 Time Aware Forwarding

Time Aware Forwarding wurde auf einem PROFINET-Chip als Prototyp implementiert und in unterschiedlichen Testumgebungen validiert. Es folgt eine Auf-
listung der verschiedenen Tests:

Latenzzeitmessung mit einer und mit 60 Bridges	Kapitel 6.4.3
Zeitgesteuerte Kommunikation	Kapitel 6.4.4.1
Protokollkonvergenz mit zeitgesteuerter Kommunikation	Kapitel 6.4.4.2
Maximalkonfiguration mit einem Durchsatz von 50 MBit/s zeitge-steuerter Kommunikation, Netzwerkdiameter 64, zwei Steuerun-gen und zwei verschiedene Protokolle (Konvergenz)	Kapitel 6.4.4.3
Stoßfreie Rekonfiguration	Kapitel 6.4.5.1
Stoßfreie Rekonfiguration in einer großen Topologie	Kapitel 6.4.5.2
Fehlertests	Kapitel 6.4.6
Austauschbarkeitstest	Kapitel 6.4.7

6.4.1 Testumgebungen

Es wurden verschiedene Testumgebungen verwendet, um die in den Tabel-
len 17, 18 und 19 aufgeführten Eigenschaften, Funktionen und Fehlersituationen zu prüfen. Die Testnetzwerke wurden mit dem Protokoll IEEE 802.1AS synchronisiert. Die zyklischen PROFINET-Frames wurden zeitgesteuert mit der
VLAN-Priorität 6 gesendet. Die Konfiguration der Netzwerkgeräte erfolgte statisch. Dies umfasst insbesondere die Zeitplanung, die Topologie und die TAS-
Schaltzeitpunkte (Gate Events). Es wurden verschiedene Testtopologien verwendet: kleine Topologien für spezifische Tests von Einzelfunktionalitäten, In-
teroperabilitäten oder Leistungseigenschaften und eine große Topologie, in der
Tests mit Maximalkonfigurationen durchgeführt wurden. Die Testtopologien
wurden aus den Basistopologien, die im Folgenden beschrieben werden, pas-
send für die Tests zusammengestellt. Abbildung 71 zeigt einen Ethernet TSN-
Testaufbau mit LS1028-TSN-Switches des Unternehmens NXP, an dem ein Teil
der Validierung durchgeführt worden ist.

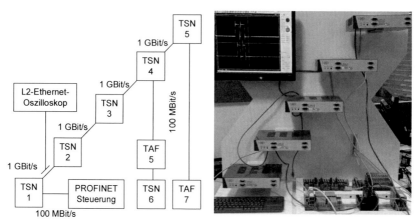

Abbildung 71: Testaufbau mit Ethernet TSN-Gigabit-Switches

In Abbildung 72 ist die Topologie zu sehen, mit der insbesondere Tests in Maximalkonfigurationen durchgeführt worden sind. Insgesamt standen 60 TAF-Prototypen zur Verfügung. Mit diesen und weiteren Geräten war es möglich, den maximalen Netzwerkdiameter von 64, die maximale Bandbreite für die Echtzeitkommunikation von 50 MBit/s sowie Topologievarianten und die Protokollkonvergenz zu testen.

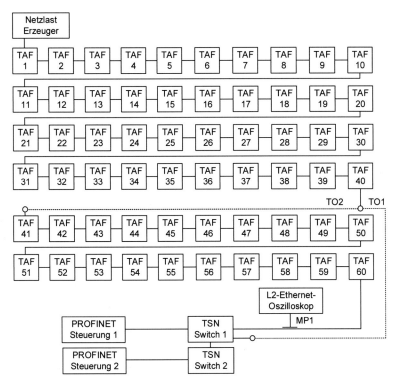

Abbildung 72: Prototypensystem mit Steuerungen und Switches

Abbildung 73 gibt einen Teil der auf einem Rack montierten TAF-Prototypen (52 Stück) wieder. Weitere 8 TAF-Prototypen standen in Form größerer Testplatinen in einem zweiten Aufbau zur Verfügung. Das Rack enthält in der Mitte verschiedene weitere Switches, PROFINET-Geräte, Steuerungen und einen Multiport-TAP (Test Access Point).

6.4.2 Definition von Formelzeichen

In Tabelle 20 lassen sich die Definitionen für die in diesem Abschnitt verwendeten grundlegenden Formelzeichen einsehen.

Tabelle 20: Definition von Formelzeichen

Formelzeichen	Definition	Einheit
t	Zeitpunkt einer fortlaufenden Zeit mit einem definierten Bezugszeitpunkt 0	s
T	Zeitspanne: Differenz zweier Zeitpunkte t	s
D	Datenrate einer Kommunikationsverbindung	Bit/s
L	Länge eines Frames oder einer nach IEEE Ethernet definierten Größe wie Präambel-Länge oder Inter-Frame-Gap-Länge	Byte

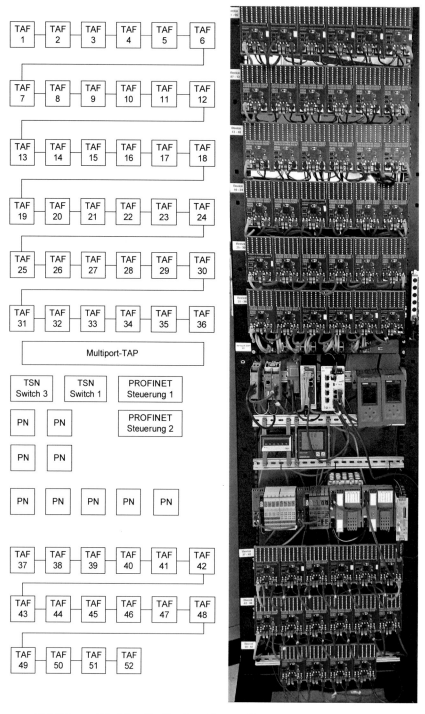

Abbildung 73: Physikalischer Testaufbau mit TAF-Prototypen

6.4.3 Latenzzeit

In diesem Test wurde die Latenzzeit und das Weiterleitungsverhalten einer Bridge mit dem Verfahren TAF untersucht. Die Latenzzeit der zeitgesteuerten Kommunikation wurde für ein einzelnes Gerät und für eine Linientopologie mit 60 Bridges gemessen.

Zu testende Funktionen und zu messende Eigenschaften (Systemstimulation)	Messbares Prüfkriterium / Eigenschaften
	(Systemreaktion)
Latenzzeit	Latenzzeit T_{TAF}
	Jitter der Latenzzeit mit der maximalen Abweichung T_{TAFmax}
Cut Through	Cut Through funktioniert

Testaufbau und Messergebnis

Abbildung 74 zeigt die verwendete Testtopologie. TAF 0 sendet zeitgesteuert zyklisch jede Millisekunde ein Frame. Für die Messung der Latenzzeit an einer TAF-Bridge wird ein TAP an die Messpunkte MP1 und MP2 in die Testtopologie geschaltet. Das verwendete TAP hat eine Verzögerungszeit von T_{TAP} = 700 ns. Dies geht in die Messung ein und wird nach der Messung subtrahiert.

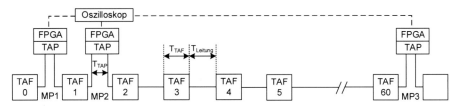

Abbildung 74: Testtopologie Latenzzeit und Jitter

Die gemessene Latenzzeit zwischen den Messpunkten MP1 und MP2 beträgt 4,03 µs. Nach Abzug der vom TAP verursachten zusätzlichen 700 ns Latenz beträgt die Latenzzeit des TAF-Prototyps T_{TAF} 3,33 µs mit einer Standardabweichung von 17 ns (TAP-Jitter enthalten). Die Verteilung von T_{TAF} als Histogramm ist in Abbildung 75 einsehbar. Da ein Frame mit der minimalen Länge bei einer Datenrate D von 100 MBit/s ein Übertragungsfenster größer als 5 µs erfordert, ist mit der Messung gezeigt, dass der TAF-Prototyp im Cut-Through-Modus arbeitet. Auch die Funktionsfähigkeit des TAF-Bridging-Modus in Kombination mit Cut Through ist damit gezeigt. T_{TAFmax} beträgt 3,38 µs.

Die Anforderung einer Latenzzeit von < 3 µs (Tabelle 17) ist damit um 0,38 µs überschritten. Die Überschreitung ist nicht hoch und da die Latenzzeit in der Konfiguration berücksichtig wird, ist kompatible Kommunikation möglich.

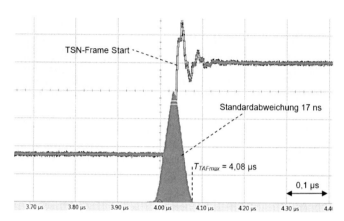

Abbildung 75: Jitter eines TSN-Frames durch eine TAF-Bridge

Linientopologie 60 kaskadierte TAF-Bridges
Da sich Fehler in einer Linientopologie mit kaskadierten Bridges akkumulieren
können, wurde der Latenzzeittest zusätzlich in einem Netzwerk mit einem Di-
ameter von 60 Bridges durchgeführt. Dazu wurde anstatt an Messpunkt MP2
an Messpunkt MP3 (siehe Abbildung 74) gemessen. Die Messwerte zeigen also
die Gesamtlatenzzeit von 60 kaskadierten TAF-Bridges und 60 Ethernet-Leitungen (Länge im Durchschnitt 0,5 m). Zusätzlich waren 8 TAPs in die Topologie
eingebaut.

Berechnung der erwarteten Latenzzeit
Die Latenzzeit T_{latenz_60} der Topologie zwischen MP1 und MP3 ist die Summe
der einzelnen Latenzzeiten. Die einzelnen Latenzen sind 8 TAPs mit jeweils
einer Latenzzeit von $T_{TAP} = 700$ ns, 60 TAF-Protototypen mit jeweils einer Latenzzeit von $T_{TAF} = 3,33$ µs und 68 Ethernet-Leitungen mit einer durchschnitt-
lichen Länge von 50 cm, was einer Latenzzeit von $T_{Leitung} = 2,5$ ns entspricht.
Formel 6.1 zeigt die Berechnung.

$$T_{latenz\_60} = 8 \cdot T_{TAP} + 60 \cdot T_{TAF} + 68 \cdot T_{Leitung} \qquad (6.1)$$
$$T_{latenz\_60} = 8 \cdot 700 \; ns + 60 \cdot 3,33 \; µs + 68 \cdot 2,5 \; ns$$
$$T_{latenz\_60} = 205,57 \; µs$$

Messergebnis 60 kaskadierte TAF-Bridges
Abbildung 76 zeigt das Messergebnis mit einer Verzögerung T_{latenz_60} zwischen
203,15 µs und 204,95 µs. Die Abweichung zum errechneten Wert ist kleiner als
1 µs.

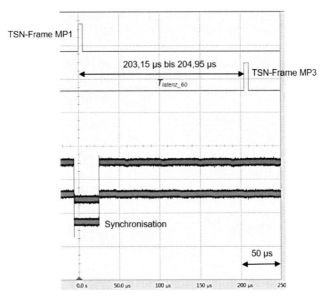

Abbildung 76: Ergebnis Latenzzeitmessung 60 TAF-Bridges

In Abbildung 77 ist das Histogramm der Latenzzeit des TSN-Frames nach 60 TAF-Bridges zu sehen.

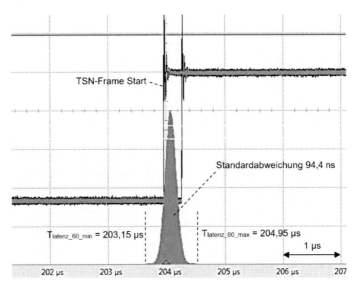

Abbildung 77: Jitter eines TSN-Frames durch 60 TAF-Bridges

6.4.4 Zeitgesteuerte Kommunikation

In diesem Test wird der Bridging-Modus Time Aware Forwarding auf Interoperabilität mit zeitgesteuerter Kommunikation getestet. Es werden TAF-Prototypen in verschiedenen Topologien eingesetzt und Kommunikationsverbindungen mit zeitgesteuerter Kommunikation zwischen den Geräten und Steuerungen aufgebaut. Die erwartete Systemreaktion, also das Kommunikationsverhalten, wurde berechnet und mit Messergebnissen des Prototypsystems verglichen. Die folgende Tabelle zeigt die zu testenden Funktionen und die zu messenden Eigenschaften.

Zu testende Funktionen und zu messende Eigenschaften (Systemstimulation)	Messbares Prüfkriterium / Eigenschaft (Systemreaktion)
Zeitgesteuerte Kommunikation mit garantierter Latenzzeit (Scheduled Traffic)	Alle Echtzeit-Frames werden zeitrichtig wie berechnet übertragen. Die Zeitabweichung beträgt maximal 1 µs. Der Echtzeitdurchsatz beträgt bis zu 50 MBit/s.
Protokollkonvergenz	Die Protokolle PROFINET und OPC UA können zeitgesteuerte Kommunikation in einem Netzwerk verwenden.
Zwei Steuerungen	Eine zeitgesteuerte Kommunikation ist mit einem Jitter kleiner 1 µs möglich.
Topologie	Maximaler Netzwerkdiameter 64

Übersicht über die Tests in den folgenden Unterkapiteln:

Zeitgesteuerte Kommunikation	Kapitel 6.4.4.1
Protokollkonvergenz und gemischte Datenrate	Kapitel 6.4.4.2
Maximalkonfiguration mit 50 MBit/s Echtzeitdurchsatz, Netzwerkdiameter 64 und zwei Steuerungen, PROFINET und OPC UA	Kapitel 6.4.4.3

Jede Testbeschreibung besteht aus drei Teilen: Beschreibung, Berechnung der erwarteten Messergebnisse sowie Messergebnisse und Bewertung.

6.4.4.1 Zeitgesteuerte Kommunikation in einer Basistopologie (100 MBit/s)
Für die zeitgesteuerte Kommunikation wurde als Protokoll PROFINET verwendet. Jedes TAF-Feldgerät kommuniziert mit der Steuerung. Die Zykluszeit der zeitgeplanten PROFINET-Kommunikation betrug 1 ms und die Framelänge $L_f =$ 64 Byte. Die grundsätzliche Funktion wurde mit zusätzlicher Netzlast validiert. Abbildung 78 zeigt die verwendete Topologie und die Einspeisepunkte für die Netzlast sowie die Position der TSN-Messlösung an Messpunkt MP1.

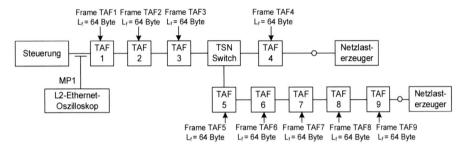

Abbildung 78: Topologie, Einspeisepunkte Netzlast und Oszilloskop

Berechnung der erwarteten Kommunikation
Die 9 zyklischen Frames haben eine Länge L_f von jeweils 64 Byte. Inklusive einer Präambel von 8 Byte Länge ($L_{Präambel}$) und einem Inter Frame Gap von 12 Byte Länge (L_{IFG}) ergibt sich für die Datenrate $D = 100\ MBit/s$ und den Inbound-Windschatteneffekt (Frames werden aufgestaut) aufbauend auf den Formeln aus dem Kapitel 3.6.3 ein für die Frames notwendiges Übertragungsfenster von $t_{fe} =$ 60,8 μs. Formel 6.2 zeigt die Summenbildung. t_{fe} (fe: Frame-Ende) ist der Zeitpunkt relativ zum Startzeitpunkt der zeitgesteuerten Kommunikation, an dem das letzte Frame 9 an der Steuerung empfangen worden ist.

$$t_{fe} = 9 \cdot T_f + 8 \cdot T_{IFG+Präambel} \quad \text{mit} \quad T_f = L_f \cdot \frac{8\frac{Bit}{Byte}}{D} = L_f \cdot \frac{8\frac{Bit}{Byte}}{\frac{100 MBit}{s}}$$

$$(6.2)$$

$$t_{fe} = 60,8\ \mu s$$

Messergebnis
Abbildung 79 gibt das Bild des Oszilloskops mit den Messergebnissen wieder. Es werden zyklisch Bursts von Frames gesendet (siehe „Frames" und Kreismarkierungen). Weiterhin werden die Synchronisationstestsignale (oben) und die Länge der Queue-Maskierung (TX- und RX-Gate) für Port 1 und Port 2 von TAF 1.

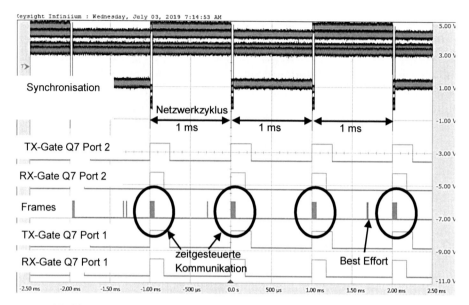

Abbildung 79: Messergebnis MP1: zeitgesteuerte Kommunikation

In Abbildung 80 ist ein Kommunikationszyklus als Zoom am Oszilloskop aus
Abbildung 79 zu sehen. Zusätzlich wurde bei der Messung auch die Netzlast
eingeschaltet. Das Messergebnis für den Zeitpunkt t_{fe} beträgt 61,4 µs. Die Latenzen der Messlösung (TAP und IP-Core) wurden dabei berücksichtigt. Die Abweichung ist gegenüber dem berechneten Zeitpunkt t_{fe} kleiner als 1 µs und liegt
damit im Bereich der Synchronisationsabweichung. Die richtige Funktion von
TAF ist damit für dieses Testszenario gezeigt.

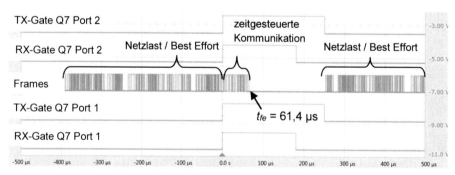

Abbildung 80: Messergebnis: Zeitbereich für zeitgest. Kommunikation

6.4.4.2 Protokollkonvergenz und gemischte Datenrate

In diesem Test wird das Kompatibilitätsverfahren TAF in einem Ethernet TSN-Netzwerk mit den Datenraten $D = 100$ Mbit/s und $D = 1$ GBit/s getestet, in dem verschiedene Protokolle mit zeitgesteuerter Kommunikation (Scheduled Traffic) arbeiten. Als Protokolle wurden PROFINET und OPC UA verwendet. Abbildung 81 zeigt die verwendete Testtopologie mit vier NXP-Gigabit-TSN-Switches, zwei TAF-Prototypen mit dem PROFINET-Protokoll und einem OPC UA-Gerät.

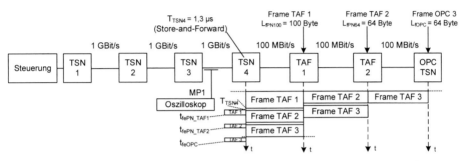

Abbildung 81: Testtopologie mit PROFINET- und OPC-UA-Kommunikation

Berechnung der erwarteten Kommunikation

Die zwei zyklischen PROFINET-Frames der TAF-Prototypen 1 und 2 haben eine Länge von 64 und 100 Byte. Das OPC UA-Frame ist 64 Byte lang. Die Bridge TSN 4 ist die asymmetrisch betriebene Bridge, welche die Datenrate von 100 MBit/s und 1 GBit/s umsetzt und im Store-and-Forward-Modus eine Verzögerung von $T_{TSN4} = 1{,}3$ µs aufweist. An Messpunkt MP1 entsteht in der gezeigten Topologie kein Burst an zyklischen Echtzeit-Frames. Der Grund dafür ist, dass die Verzögerungen in den Geräten TAF 1, TAF 2 und OPC TSN aufgrund der Datenrate von 100 MBit/s gegenüber den Verzögerungen in den TSN-Switches 1, 2, 3 und 4, die mit einer Datenrate von 1 GBit/s arbeiten, größer sind. In den Bridges TAF 1 und TAF 2 entsteht ein Windschatteneffekt. Für MP1 können die Zeitpunkte für die drei Frames abgeleitet aus den Formeln aus Kapitel 3.6.6 berechnet werden. Formel 6.3 zeigt, wie der Zeitpunkt t_{fePN_TAF1} berechnet wird. T_{fPN100} ist die Übertragungszeit des Frames TAF 1 mit der Länge 100 Byte und der Datenrate $D = 100$ MBit/s nach Formel 6.2. $T_{fPN100GB}$ ist die Übertragungszeit des Frame TAF 1 mit der Länge 100 Byte und der Datenrate $D = 1$ GBit/s auf der Verbindung zwischen den TSN-Switches 3 und 4.

$$t_{fePN\_TAF1} = T_{TAP} + T_{fPN100GB} + T_{TSN4} + T_{fPN100} \qquad (6.3)$$
$$t_{fePN\_TAF1} = 0{,}7 \text{ µs} + 0{,}8 \text{ µs} + 1{,}3 \text{ µs} + 8 \text{ µs}$$
$$t_{fePN\_TAF1} = 10{,}8 \text{ µs}$$

Mit Formel 6.4 wird der Zeitpunkt t_{fePN_TAF2} berechnet. Zusätzlich zur dem 64 Byte langen Frame TAF 2 muss die IFG und Präambel, die zwischen den Frames

TAF 1 und TAF 2 notwendig, ist beachtet werden. $T_{fPN64GB}$ ist die Übertragungszeit des Frame TAF 2 mit der Länge 64 Byte und der Datenrate D 1 GBit/s auf der Verbindung zwischen den TSN-Switches 3 und 4.

$$t_{fePN\_TAF2} = T_{TAP} + T_{fPN64GB} + T_{TSN4} + T_{fPN100} + T_{fPN64} + T_{IFG+Präambel} \quad (6.4)$$
$$t_{fePN\_TAF2} = 0{,}7\ \mu s + 0{,}67\ \mu s + 1{,}3\ \mu s + 6{,}7\ \mu s + 8\ \mu s + 1{,}6\ \mu s$$
$$t_{fePN\_TAF2} = 18{,}97\ \mu s$$

Aus Formel 6.5 ergibt sich der Zeitpunkt t_{feOPC}. $T_{fOPC64GB}$ ist die Übertragungszeit des Frame OPC 3 mit der Länge 64 Byte und der Datenrate $D = 1$ GBit/s auf der Verbindung zwischen den TSN-Switches 3 und 4.

$$t_{feOPC} = T_{TAP} + T_{fOPC64GB} + T_{TSN4} + T_{fOPC100} + T_{fPN100} + T_{fPN64} \quad (6.5)$$
$$+ 2 \cdot T_{IFG+P\ äamel}$$
$$t_{feOPC} = 0{,}7\ \mu s + 0{,}8\ \mu s + 1{,}3\ \mu s + 8\ \mu s + 6{,}7\ \mu s + 6{,}7\ \mu s + 2 \cdot 1{,}6\ \mu s$$
$$t_{feOPC} = 27{,}4\ \mu s$$

Als Messreferenz wurden die jeweils vorherigen Frames (TAF 1 und TAF 2) verwendet.

$$t_{fePN\_TAF2} - t_{fePN\_TAF1} = 8{,}17\ \mu s$$
$$t_{feOPC} - t_{fePN\_TAF2} = 8{,}43\ \mu s$$

Messergebnis
Abbildung 82 gibt das Messergebnis wieder. Es sind 3 Frames sichtbar, die mit entsprechenden Abständen übertragen werden. Die gemessenen Differenzwerte weichen weniger als 1 μs von den berechneten Werten ab. Die Kommunikation in dem Netzwerk mit TAF-Verfahren ist somit kompatibel. Die Protokollkonvergenz funktioniert.

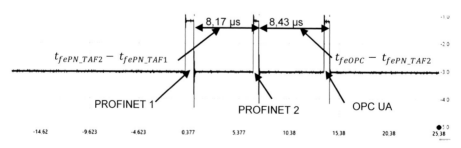

Abbildung 82: Messergebnis: Protokollkonvergenz mit Gigabitteilnetzwerk

6.4.4.3 Maximalkonfiguration mit 50 MBit/s Echtzeitdurchsatz, Netzwerkdiameter 64 und zwei Steuerungen, PROFINET und OPC UA

Das Testnetzwerk wurde mit dem maximalen Netzwerkdiameter 64 realisiert (siehe Abbildung 81). In der Topologie befinden sich 60 kaskadierte TAF-Prototypen, zwei TSN-Switches und zwei PROFINET-Steuerungen.

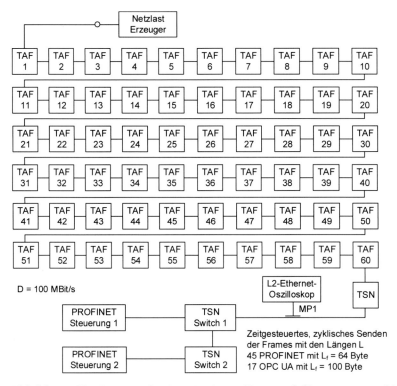

Abbildung 83: Testtopologie mit einem Netzwerkdiameter von 64

Es wurde eine Zykluszeit von 1 ms konfiguriert. Ziel der Konfiguration war die Nutzung eines Zeitfensters von 500 μs für die zeitgesteuerte Kommunikation und eine Mischung aus den Protokollen PROFINET und OPC UA. 45 TAF-Geräte senden PROFINET-Frames mit einer Länge L von 64 Byte und 17 TAF-Geräte senden OPC-UA-Publisher-Frames mit einer Länge L von 100 Byte. Die PROFINET- und OPC UA-Kommunikation verwendet einen synchronisierten Netzwerkzugriff und die VLAN-Priorität 6. Alle anderen VLAN-Prioritätenwarteschlangen wurden für ein Zeitfenster von 500 μs maskiert. Die TAF-Geräte 10 bis 19 senden keine eigenen zyklischen Frames und leiten die zeitgesteuerte Kommunikation weiter. Die zusätzliche Netzlast wurde am Ende der Linientopologie in einen Port des Gerätes TAF 1 injiziert.

Berechnung der erwarteten Kommunikation

Das erwartete Verhalten des TSN-Netzwerks am Messpunkt MP1 beträgt 45 PROFINET-Frames mit jeweils einem Übertragungsfenster von T_{fP} = 5,12 µs (L = 64 *Byte*) und 17 OPC UA-Frames mit einem Übertragungsfenster von T_{fOPC} = 10 µs (L = 100 *Byte*). Das Übertragungsende t_{fe_OPC1} des letzten Frames (Gerät TAF 1, OPC UA) kann als Summe aller Framelängen T_{fPN} und T_{fOPC}, der Präambel-Längen $T_{Präambel}$ (8 Bytes), der Inter-Frame-Gap-Längen T_{IFG} (12 Bytes) gemäß Formel 6.6 berechnet werden.

$$t_{fe\_OPC1} = 45 \cdot T_{fPN} + 17 \cdot T_{fOPC} + 62 \cdot T_{Präambel} + 62 \cdot T_{IFG} \qquad (6.6)$$
$$t_{fe\_OPC1} = 45 \cdot 5{,}12 \,\mu s + 17 \cdot 10 \,\mu s + 62 \cdot 0{,}64 \,\mu s + 62 \cdot 0{,}96 \,\mu s$$
$$t_{fe\_OPC1} = 499{,}6 \,\mu s$$

Messergebnis

Die Messergebnisse sind in Abbildung 84 dargestellt. Sie zeigt, dass die geplante Kommunikation über den TAF-Prototyp funktioniert und nicht durch die Netzlast beeinflusst wird.

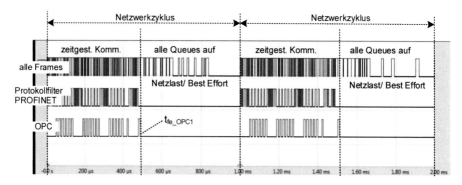

Abbildung 84: Messergebnis: 50 MBit/s zeitgesteuerte Kommunik. [S21]

Der gemessene Wert des Übertragungsendes des Frames OPC 1 an Messpunkt MP1 beträgt 499,4 µs und weicht weniger als 1 µs von dem berechneten Wert 499,6 µs ab. Die Verzögerung T_{TAP} der Messlösung wurde hier durch eine Konfiguration am Oszilloskop kompensiert.

6.4.5 Stoßfreie Rekonfiguration

Mit diesem Test wird das Kompatibilitätsverfahren TAF bei einer Topologie-Rekonfiguration untersucht. Das erwartete Kommunikationsverhalten im Rekonfigurationsmoment wurde berechnet und mit Messergebnissen verglichen. Die folgende Tabelle zeigt die zu testenden Funktionen und die zu messenden Eigenschaften.

Zu testende Funktionen und zu messende Eigenschaft (Systemstimulation)	Messbares Prüfkriterium / Eigenschaft (Systemreaktion)
Topologieänderung in einem Netzwerk mit zeitgeplanter Kommunikation (Scheduled Traffic)	Alle zeitgesteuerten Frames werden im Rekonfigurationsmoment zeitrichtig wie berechnet übertragen. Das bedeutet, dass die Rekonfiguration vollständig deterministisch vorhersagbar ist. Abweichung der Übertragungszeitpunkte der zeitgesteuerten Frames: $< \pm$ 1 µs

Es wurden zwei Tests durchgeführt:
6.4.5.1 Rekonfiguration in einer Basistopologie
6.4.5.2 Rekonfiguration einer Maximalkonfiguration

6.4.5.1 Rekonfiguration in einer Basistopologie
Die verwendete Topologie, die Position des Messsystems und die vorgenommene Topologie-Rekonfiguration (TO1 → TO2) ist in Abbildung 85 einsehbar und wurde in [SA21] publiziert. Als Protokoll diente PROFINET, gewählt wurde zudem die VLAN-Priorität 6. Die Zykluszeit betrug 1 ms. Die Framelänge der Geräte 1 bis 7 betrug 64 Byte, bei Gerät 8 waren es L_{f8} = 300 Byte. Grund für diese Wahl der Framelängen ist ein einfacher und eindeutiger Nachweis der richtigen Funktionalität bzw. Übertragungsreihenfolge während der Rekonfiguration durch Messung mit dem Oszilloskop. Der TSN-Switch nutzt Store and Forward, die TAF-Prototypen nutzen bekanntlich Cut Through. Alle Ethernet-Verbindungen arbeiten mit einer Datenrate D von 100 MBit/s.

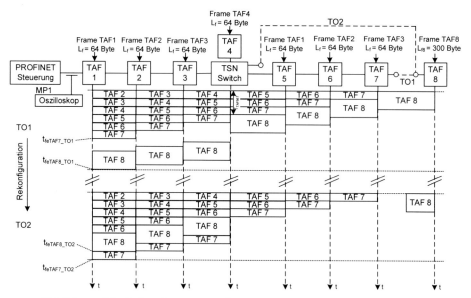

Abbildung 85: Rekonfiguration der Topologie: TO1 und TO2 [SA21]

Berechnung der erwarteten Kommunikation der Topologieoption 1 (TO1)
Die Geräte nutzen den synchronisierten Netzwerkzugriff und senden ihr jeweiliges Frame zum Zeitpunkt 0 jedes Netzwerkzyklus. Die Frames von TAF 1, 2
und 3 sind an Messpunkt MP1 in der genannten Reihenfolge direkt aufeinander
folgend zu erwarten. TAF 4 und 5 senden im Rahmen der Zeitsynchronisationsgenauigkeit gleichzeitig an den TSN-Switch. In welcher Reihenfolge die Frames 4 und 5 an Messpunkt MP1 übertragen werden, kann nicht berechnet werden. Da diese Frames gleich lang sind, spielt das aber für diese Herleitung
keine Rolle. Die Frames 6 und 7 folgen in der Sequenz 6, 7. Formel 6.7 gibt an,
wie der Zeitpunkt des Frameübertragungsendes t_{feTAF7_TO} von Frame 7 an MP1
berechnet werden kann. Es werden Frames mit einer Länge von L_f = 64 Byte
übertragen. Die Länge der Präambel beträgt $L_{Präambel}$ = 8 Byte und der Abstand
zwischen den Frames beträgt den Minimalabstand L_{IFG} = 12 Byte. Zur Vereinfa-
chung wurde für jedes Frame die IFG-Zeit berechnet obwohl zwischen 7 Frame
ja nur 7 - 1 = 6 Abstände auftreten. [SA21]

$$t_{feTAF7\_TO} = 7 \cdot \left(L_f + L_{Präambel} + L_{IFG} \right) \cdot \frac{8\,\frac{Bit}{Byte}}{D} \tag{6.7}$$

$$t_{feTAF7\_TO} = 7 \cdot 6{,}72\,\mu s$$

$$t_{feTAF7\_TO1} = 47{,}04\,\mu s$$

Bei Frame 8 (gesendet von TAF 8) ergibt sich eine Besonderheit: Bis zum TSN-
Switch wird Frame 8 im Windschatten von den Frames 5, 6 und 7 verzögert.
Diese Verzögerung T_{TAF567} beträgt die Summe der für die Übertragung der drei

Frames bis zum vollständigen Empfang im TSN-Switch benötigten Zeit. Formel 6.8 zeigt die Berechnung. [SA21]

$$T_{TAF567} = 3 \cdot \left(L_f + L_{Präambel} + L_{IFG}\right) \cdot \frac{8\frac{Bit}{Byte}}{D} \tag{6.8}$$

$$T_{TAF567} = 3 \cdot 6,72\,\mu s$$

$$T_{TAF567} = 20,16\,\mu s$$

Nach dieser Verzögerung T_{TAF567} wird Frame 8 vom TSN-Switch 8, der das Weiterleitungsverfahren Store and Forward verwendet, vollständig empfangen. Diese Empfangszeit $T_{RX\_Steuerung}$ hängt von der Framelänge L_{f8} ab. Im Anschluss an den vollständigen Empfang wird das Frame 8 nach einer Verzögerung $T_{TSN-Switc}$ über die drei TAF-Geräte 1, 2 und 3 mit den Weiterleitungsverzögerungen T_{TAF1}, T_{TAF2} und T_{TAF3} an die Steuerung gesendet. Dabei entsteht die Empfangszeit $T_{RX\_Steuerung}$.

Mit Formel 6.9 lässt sich der Zeitpunkt des Frameübertragungsendes t_{feTAF8_TO} von

Frame 8 als Summe der Verzögerungen berechnen. Dieser Wert wird durch eine Messung an Messpunkt MP1 an dem Testnetzwerk mit den Prototypen validiert. [SA21]

$$\begin{aligned} t_{feTAF8\_TO1} &= T_{RX\_Steuerung} + T_{TAF1} + T_{TAF2} + T_{TAF3} + T_{TSN-Switch} \\ &\quad + T_{RX\_TSN-Switch} + T_{TAF567} \end{aligned} \tag{6.9}$$

$$\begin{aligned} t_{feTAF8\_TO1} &= 24\,\mu s + 3,33\,\mu s + 3,33\,\mu s + 3,33\,\mu s + 3\,\mu s + 24\,\mu s \\ &\quad + 20,16\,\mu s \end{aligned}$$

$$t_{feTAF8\_TO1} = 82,16\,\mu s$$

Messergebnis TO1
Das Oszillogramm ist in Abbildung 86 zu sehen. Es werden 8 Frames nacheinander gesendet. Zwischen Frame 7 und dem letzten Frame 8 ist die erwartete Lücke zu sehen.

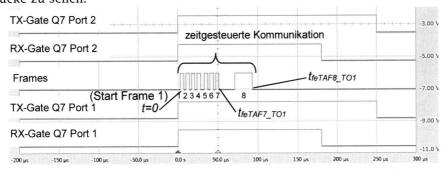

Abbildung 86: Messergebnis: Sequenz der Frames TO1 [SA21]

Der gemessene Zeitpunkt für das Übertragungsende von Frame 7 t_{feTAF7_TO1} beträgt 48,8 µs, für das Übertragungsende von Frame 8 t_{feTAF8_TO1} sind es 83,1 µs. Diese Zeitpunkte weichen jeweils weniger als 1 µs von den berechneten Werten ab.

Berechnung der erwarteten Kommunikation Topologieoption 2 (TO2)
In der Topologieoption 2 werden auf drei Ports zeitgleich Frames an den TSN-Switch gesendet. Die Reihenfolge der Übertragung oder die Übertragungszeitpunkte der Frames 1 bis 5 ändern sich dadurch nicht. Bei den Frames 6, 7 und 8 ist das anders. Während die Frames 5, 6 und 7 sequenziell übertragen werden müssen, da sich diese Geräte in einer Linientopologie befinden, wird Frame 8 zeitgleich an den TSN-Switch übertragen. Die Framelänge L_{f8} von 300 Byte bewirkt, dass dieser Frame 8 nach Frame 6 und vor Frame 7 am Store-and-Forward-TSN-Switch vollständig empfangen ist. Entsprechend wird das Frame vom dem TAF-Gerät 8 an Position 7 in der Sequenz übertragen. Das letzte Frame in der Sequenz ist nun Frame 7. Formel 6.10 zeigt, wie der Zeitpunkt des Übertragungsendes von Frame 7 t_{feTAF_TO} berechnet werden kann. Es handelt sich um die Summe aller Framelängen inklusive Präambel und Inter-Frame-Gap. Dieser Wert wird durch eine Messung an dem Testnetzwerk validiert. [SA21]

$$t_{feTAF7\_TO} = 7 \cdot \left(L_f + L_{Präambe} + L_{IFG}\right) \cdot \frac{8\frac{Bit}{Byte}}{D} + 1 \qquad (6.10)$$

$$\cdot \left(L_{f8} + L_{Präambel}\right) \cdot \frac{8\frac{Bit}{Byte}}{D}$$

$$t_{feTAF7\_TO} = 7 \cdot 6{,}72\,\mu s + 1 \cdot 24\,\mu s$$

$$t_{feTAF7\_TO2} = 71{,}04\,\mu s$$

Mit Formel 6.11 lässt sich der Zeitpunkt des Übertragungsendes von Frame 8 an MP1 t_{feTA_TO2} berechnen. Eine Validierung des Werts erfolgt durch eine Messung an dem Testnetzwerk. Der Unterschied zu Formel 6.10 ist, dass Frame 7 nicht berücksichtigt wird.

$$t_{feTA\_TO2} = 6 \cdot \left(L_f + L_{Präambel} + L_{IFG}\right) \cdot \frac{8\frac{Bit}{Byte}}{D} + 1 \qquad (6.11)$$

$$\cdot \left(L_{f8} + L_{Präambel}\right) \cdot \frac{8\frac{Bit}{Byte}}{D}$$

$$t_{feTA\_TO} = 6 \cdot 6{,}72\,\mu s + 1 \cdot 24\,\mu s$$

$$t_{feTAF8\_TO2} = 64{,}32\,\mu s$$

Messergebnis TO2

In Abbildung 87 ist das Bild des Oszilloskopbild nach der Rekonfiguration der Topologie zu sehen. Das Frame 8 (langes Frame) wird nun früher in dem Zyklus an Position 7 übertragen.

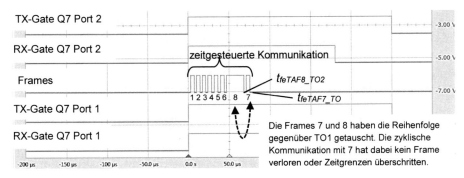

Abbildung 87: Messergebnis: Sequenz der Frames TO2 [SA21]

Der gemessene Zeitpunkt für das Übertragungsende von Frame 7 t_{feTAF7_TO2} beträgt 72,1 µs, für das Übertragungsende von Frame 8 t_{feTAF8_TO2} werden 65,2 µs festgestellt. Diese Zeitpunkte weichen jeweils weniger als 1 µs von den berechneten Werten ab. Damit ist die richtige Funktionsweise gezeigt.

6.4.5.2 Rekonfiguration in einer großen Topologie

Der Zweck dieses Tests besteht darin, den Bridging-Modus TAF während einer Rekonfiguration der zeitgesteuerten Kommunikation (Scheduled Traffic) zu validieren (Hinzufügen oder Entfernen von TSN-Frames). Während des Tests wird die Topologie von einer Linie von 35 TAF-Geräten zu einem Stern mit zwei Linien von 12 und 23 Geräten (TO2 → TO2) rekonfiguriert. Abbildung 88 zeigt die verwendete Topologie.

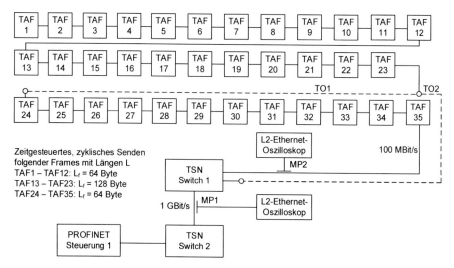

Abbildung 88: Testtopologie mit Optionen für die Rekonfiguration

Berechnung der erwarteten Kommunikation TO1

Die Geräte nutzen den synchronisierten Netzwerkzugriff und senden ihr jeweiliges Frame zum Zeitpunkt 0 jedes Netzwerkzyklus. Die Frames von TAF 1 bis TAF 35 sind an Messpunkt M1 in der genannten Reihenfolge mit dem minimalen Sendeabstand L_{IFG} zu erwarten. Formel 6.12 zeigt, wie der Zeitpunkt des Ende der Übertragung von Frame 1 an MP2 $t_{feTAF8\_TO\_MP}$ als Summe berechnet werden kann. Dieser Wert wird im Folgenden durch eine Messung an einem realen Netzwerk mit den Prototypen validiert.

$$t_{feTA\_TO\_MP} = 23 \cdot \left(L_f + L_{Präambel} + L_{IFG}\right) \cdot \frac{8\frac{Bit}{Byte}}{D} + 12 \qquad (6.12)$$

$$\cdot \left(L_f + L_{Präambel} + L_{IFG}\right) \cdot \frac{8\frac{Bit}{Byte}}{D}$$

$$t_{feTA\_TO\_MP} = 23 \cdot 6{,}7\mu s + 12 \cdot 12{,}4\mu s$$

$$t_{feTAF8\_TO1\_MP2} = 302{,}9\,\mu s$$

Messergebnis MP1 + MP2 TO1

Abbildung 89 zeigt das Messergebnis für Topologieoption 1 an den Messpunkten MP1 und MP2. An MP1 werden 35 PROFINET-Frames mit den Längen 0,67 µs und 1,24 µs gemessen. Hier handelt es sich um eine Verbindung mit einer Datenrate von 1 GBit/s. An MP2 werden ebenfalls 35 PROFINET-Frames gemessen; die Verbindung erfolgt hier mit 100 MBit/s und die Frames werden mit einem minimalen Abstand IFG übertragen. Das Übertragungsende des letzten zeitgesteuerten Frames an MP2 wurde mit 303,6 µs gemessen und weicht damit weniger als 1 µs von dem berechneten Zeitpunkt ab.

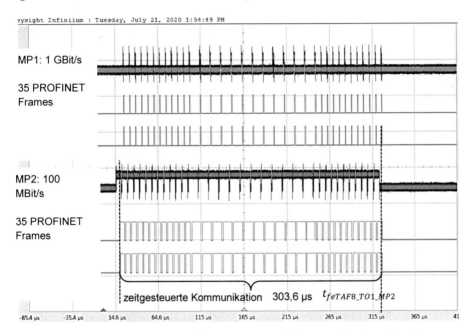

Abbildung 89: Messergebnis MP1 + MP2 bei Topologieoption 1

Abbildung 90 zeigt als Ergänzung die zeitgesteuerten Frames in Form einer Aufnahme mit der Software Wireshark. Die Dekodierung lässt erkennen, dass es sich um „RTC1"-Frames (steht für PROFINET RT) mit dem Protokoll „PNIO" (steht für PROFINET IO) handelt.

Time		Source	Destination	Protocol	Length	Info
284469	*REF*	PhoenixC_01:00:93	Siemens_95:df:4e	PNIO	64	RTC1, ID:0x8003, Len: 40, Cycle:59032
284470	0.000007040	PhoenixC_00:00:0c	Siemens_95:df:4e	PNIO	64	RTC1, ID:0x8024, Len: 40, Cycle: 5471
284471	0.000014080	PhoenixC_01:00:89	Siemens_95:df:4e	PNIO	64	RTC1, ID:0x8000, Len: 40, Cycle:44519
284472	0.000021120	PhoenixC_01:00:8c	Siemens_95:df:4e	PNIO	64	RTC1, ID:0x8001, Len: 40, Cycle:14922
284473	0.000028160	PhoenixC_01:00:8f	Siemens_95:df:4e	PNIO	64	RTC1, ID:0x8002, Len: 40, Cycle:36745
284474	0.000035200	PhoenixC_01:00:0f	Siemens_95:df:4e	PNIO	64	RTC1, ID:0x8004, Len: 40, Cycle:14947
284475	0.000042240	PhoenixC_01:00:99	Siemens_95:df:4e	PNIO	64	RTC1, ID:0x8005, Len: 40, Cycle:35560
284476	0.000049280	PhoenixC_01:00:16	Siemens_95:df:4e	PNIO	64	RTC1, ID:0x8006, Len: 40, Cycle: 846
284477	0.000056320	PhoenixC_01:00:19	Siemens_95:df:4e	PNIO	64	RTC1, ID:0x8007, Len: 40, Cycle:41146
284478	0.000063360	PhoenixC_01:00:1c	Siemens_95:df:4e	PNIO	64	RTC1, ID:0x8008, Len: 40, Cycle:12196
284479	0.000070400	PhoenixC_01:00:1f	Siemens_95:df:4e	PNIO	64	RTC1, ID:0x8009, Len: 40, Cycle:56644
284480	0.000077440	PhoenixC_01:00:23	Siemens_95:df:4e	PNIO	64	RTC1, ID:0x800a, Len: 40, Cycle:36300
284482	0.000084480	PhoenixC_01:00:26	Siemens_95:df:4e	PNIO	64	RTC1, ID:0x800b, Len: 40, Cycle:59038
284484	0.000091520	PhoenixC_01:00:29	Siemens_95:df:4e	PNIO	128	RTC1, ID:0x800c, Len: 104, Cycle:22701
284487	0.000103680	PhoenixC_01:00:2c	Siemens_95:df:4e	PNIO	128	RTC1, ID:0x800d, Len: 104, Cycle:43678
284489	0.000115840	PhoenixC_01:00:2f	Siemens_95:df:4e	PNIO	128	RTC1, ID:0x800e, Len: 104, Cycle:61325
284492	0.000128000	PhoenixC_01:00:33	Siemens_95:df:4e	PNIO	128	RTC1, ID:0x800f, Len: 104, Cycle:14785
284494	0.000140160	PhoenixC_01:00:36	Siemens_95:df:4e	PNIO	128	RTC1, ID:0x8010, Len: 104, Cycle:35940
284496	0.000152320	PhoenixC_01:00:39	Siemens_95:df:4e	PNIO	128	RTC1, ID:0x8011, Len: 104, Cycle:56087
284498	0.000164480	PhoenixC_01:00:3c	Siemens_95:df:4e	PNIO	128	RTC1, ID:0x8012, Len: 104, Cycle:46418
284500	0.000176640	PhoenixC_01:00:3f	Siemens_95:df:4e	PNIO	128	RTC1, ID:0x8013, Len: 104, Cycle: 6903
284502	0.000188800	PhoenixC_01:00:7c	Siemens_95:df:4e	PNIO	128	RTC1, ID:0x8014, Len: 104, Cycle:27339
284504	0.000200960	PhoenixC_01:00:46	Siemens_95:df:4e	PNIO	128	RTC1, ID:0x8015, Len: 104, Cycle:48130
284506	0.000213120	PhoenixC_01:00:49	Siemens_95:df:4e	PNIO	128	RTC1, ID:0x8016, Len: 104, Cycle: 5251
284508	0.000225280	PhoenixC_01:00:4c	Siemens_95:df:4e	PNIO	128	RTC1, ID:0x8017, Len: 104, Cycle:26288

Abbildung 90: Telegrammaufnahme mit der Software Wireshark an MP1

Berechnung der erwarteten Kommunikation TO2
Die Frames von TAF 1 bis 12 sind an Messpunkt MP2 wie in TO1 in der genannten Reihenfolge mit dem minimalen Sendeabstand L_{IFG} zu erwarten. Mit Formel 6.13 kann der Zeitpunkt des Übertragungsendes von Frame 25 an MP2
$t_{feTAF25\_TO\_MP}$ berechnet werden.

$$t_{feTAF25\_TO\_MP2} = 12 \cdot \left(L_f + L_{Präambel} + L_{IFG}\right) \cdot \frac{8\frac{Bit}{Byte}}{D} \qquad (6.13)$$

$$t_{feTAF25\_TO\_MP} = 12 \cdot 6{,}72\mu s$$

$$t_{feTAF25\_TO2\_MP2} = 80{,}64\ \mu s$$

Messergebnis MP1 + MP2 TO2
Das Messergebnis für Topologieoption 2 ist in Abbildung 91 zu sehen. An
Messpunkt MP1 werden weiterhin die 35 zyklischen PROFINET-Frames gemessen. Das Zeitverhalten hat sich gegenüber der Topologieoption 1 aber geändert: Die Frames der TAF-Geräte 1 bis 24 mischen sich in der zeitlichen Abfolge
mit den zyklischen Frames aus der zweiten Linien mit den Geräten 24 bis 35.

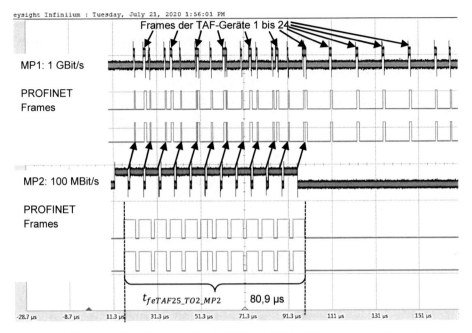

Abbildung 91: Messergebnis MP1 + MP2 bei Topologieoption 2

Das Übertragungsende des letzten zeitgesteuerten Frames an MP2 in dieser Topologieoption wurde mit 80,9 μs gemessen und weicht damit weniger als 1 μs
von dem berechneten Zeitpunkt ab.

6.4.6 Fehlertest

In diesem Test wurde überprüft, wie sich TAF unter spezifischen Fehlerbildern verhält. Die folgende Tabelle zeigt die zu testenden Funktionen und die zu messenden Eigenschaften.

Zu testende Funktionen und zu messende Eigenschaft (Systemstimulation)	Messbares Prüfkriterium / Eigenschaft (Systemreaktion)
Bitfehler	Es gibt einen Einfluss auf die Echtzeitkommunikation und das Zeitverhalten: Fehlerhafte Frames bewirken eine frühere Übertragung von anderen Frames. Zyklische Verbindungen werden abgebrochen.
Übertragungszeitpunkte der zeitgesteuerten Frames bei eingefügtem Synchronisationsoffset	$t_{fe\_Bitfehler} < t_{fe}$ Die Übertragungszeitpunkte der zeitgesteuerten Frames ändern sich erklärbar gemäß dem eingefügten Synchronisationsoffset T_{Offset}. $t_{fe\_Zeitoffset} = t_{fe} + T_{Offset}$

Den Fehlertests lag die in Abbildung 92 gezeigte Topologie zugrunde. Zwischen den TAF-Prototypen 44 und 45 wurde ein Fehlergenerator vom Typ FLEXEGEN eingesetzt. Neben dem Einfügen von Bitfehlern wurden mit dem Gerät Leitungsverzögerungen emuliert. Mit einer asymmetrischen Leitungsverzögerung ließ sich so ein Offset in die Zeitsynchronisation einfügen, mit einer symmetrischen Leitungsverzögerung hingegen ein Offset direkt in die zeitgesteuerte Kommunikation.

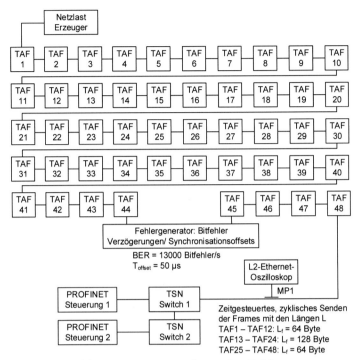

Abbildung 92: Testtopologie des Fehlertests

Berechnung des erwarteten Fehlerbildes bei Bitfehlerinjektion

Die Frames mit Bitfehlern werden von den nachfolgenden TAF-Geräten erkannt und gekürzt oder verworfen. Die zeitgesteuerte Kommunikation erfolgt dann nicht mehr vollständig als Burst mit dem minimalen Sendeabstand L_{IFG}. Das notwendige Übertragungsfenster wird nie größer ($t_{fe\_Bitfehler} < t_{fe}$). Je nach verworfenem Frame werden andere Frames früher übertragen. Es entsteht also ein Jitter in der zeitgesteuerten Kommunikation. Insgesamt fallen verschiedene Verbindungen immer wieder aus und müssen neu aufgebaut werden.

Messergebnis bei Bitfehlertests

Abbildung 93 zeigt die Messergebnisse für eine exemplarische Bitfehlerrate von 13.000 Bitfehlern je Sekunde. Es fallen dabei sporadisch Verbindungen aus. Die verbleibenden Frames verlassen den für die zeitgesteuerte Kommunikation reservierten Zeitbereich aber nicht und halten damit die definierte Bedingung $t_{fe\_Bitfehler} < t_{fe}$ ein.

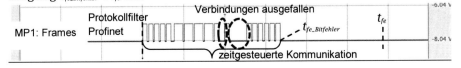

Abbildung 93: Messergebnis bei 13.000 Bitfehlern je Sekunde

Berechnung des erwarteten Fehlerbildes bei Leitungsverzögerung

Es wird eine Verzögerung von T_{Offset} = 50 µs eingestellt. Die zeitgesteuerte Kommunikation ist nicht mehr als Burst von Frames mit dem minimalen Abstand von L_{IFG} zu erwarten. Die ersten vier Frames (TAF 45 bis 48) werden direkt zum Beginn des Zyklus mit dem minimalen Abstand von L_{IFG} an Messpunkt MP1 gemessen. Die Übertragungszeit dieser vier Frames beträgt $4 \cdot L_f = 4 \cdot 7,6\,\mu s$ = 26,8 µs. Die weiteren Frames werden erst nach einer Lücke übertragen. Das Frame von TAF 44 ist um 50 µs verzögert. Dazu kommen vier TAF-Prototypen mit einer Latenzzeit von jeweils T_{TAF} = 3,33 µs. In der Folge ist an MP2 eine Lücke als Differenz der Übertragungszeit der Frames TAF 45 bis 48 und der beschriebenen Verzögerungen von $4 \cdot T_{TAF} + T_{Offset} - 4 \cdot L_f = 63,2\,\mu s - 26,8\,\mu s$ = 36,4 µs zu erwarten.

Messergebnis MP1 bei einer Leitungsverzögerung von 50 µs
In Abbildung 94 ist das Messergebnis bzw. das Fehlerbild bei einer künstlich eingefügten Leitungsverzögerung von 50 µs zu sehen. Es entsteht eine Lücke im Bereich der zeitgesteuerten Kommunikation von 36,7 µs. Dieser Messwert weicht vom errechneten Wert von 36,4 µs weniger als 1 µs ab.

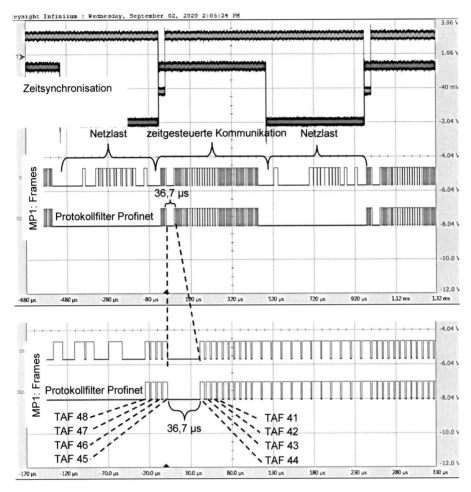

Abbildung 94: Messergebnis bei Leitungsverzögerung von 50 µs

6.4.7 Austauschbarkeit

In diesem Test wurde überprüft, ob eine TSN-Bridge durch eine TAF-Bridge in einem TSN-Netzwerk substituiert werden kann.

Zu testende Funktionen und zu messende Eigenschaft (Systemstimulation)	Messbares Prüfkriterium / Eigenschaft (Systemreaktion)
Ein TSN-Gerät und ein TAF-Gerät werden nacheinander an die gleiche Position in einer TSN-Domäne eingesetzt.	Die zeitgesteuerte Kommunikation (Scheduled Traffic) funktioniert.
	Vergleich des Zeitverhaltens der Kommunikation: Die Unterschiede müssen erklärbar sein.

Das Testnetzwerk ist in Abbildung 95 wiedergegeben. Das Gerät mit der Bezeichnung „TAF TAS" (grau) wird von einem TAS-Gerät in ein TAF-Gerät getauscht. Das Netzwerkverhalten wird mittels des L2-Ethernet-Oszilloskops überprüft und verglichen.

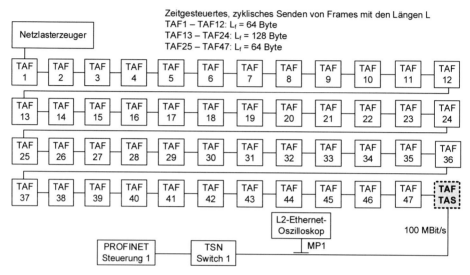

Abbildung 95: Testnetzwerk Austauschbarkeit

Berechnung der erwarteten Messergebnisse
Ethernet TSN-Geräte können unterschiedliche Eigenschaften haben und dennoch untereinander interoperabel und konform zu Standards sein. Dies umfasst z. B. auch die Weiterleitungsverzögerung der Bridges (Latenz) und den Weiterleitungsmodus (Store and Forward oder Cut Through). Die Erwartung in diesem Test ist also nicht ein vollständig gleiches Zeitverhalten.

Messergebnis mit TAF-Prototypen und netX90
Das Messergebnis für den Fall, dass zwischen TAF-Gerät 47 und TSN-Switch 1 ein netX90 mit TAS eingebunden ist, lässt sich Abbildung 96 entnehmen. Es entsteht eine Verzögerungszeit von 6 µs. Wenn zwischen TAF-Gerät 47 und TSN-Switch 1 eine TAF-Bridge eingebunden ist, beträgt die gemessene Zeit 5,33 µs. Da in dieser Messung die Zeitsynchronisation als Messreferenz verwendet worden ist, sind in den Messwerten neben dem Bridge Delay des jeweiligen Gerätes die Verzögerung des TAP und des FPGA-IP-Core enthalten.

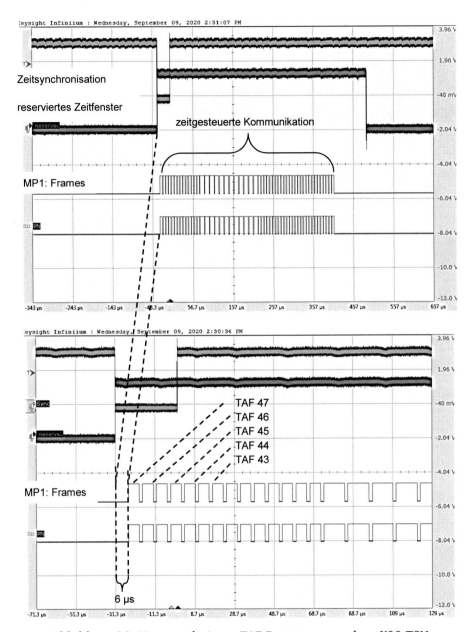

Abbildung 96: Messergebnis zu TAF-Prototypen und netX90 TSN

Bewertung

Die zeitgesteuerte Kommunikation funktioniert sowohl mit dem TAS-Gerät als auch mit dem TAF-Gerät. Das Zeitverhalten ist unterschiedlich und hängt von der jeweiligen Implementierung und nicht von dem Verfahren ab.

6.5 Verteilter kooperativer Domänenschutz

Das Kompatibilitätsverfahren VKDS nutzt und ergänzt das Verfahren TAF. Dass TAF in der Lage ist, die zeitgesteuerte Kommunikation vor einer Netzlast zu schützen, wurde in den letzten Kapiteln bereits gezeigt. In diesem Kapitel geht es darum, zusätzlich die automatische Rekonfiguration des Domänenschutzes zu prüfen. Abbildung 97 zeigt das verwendete Testnetzwerk.

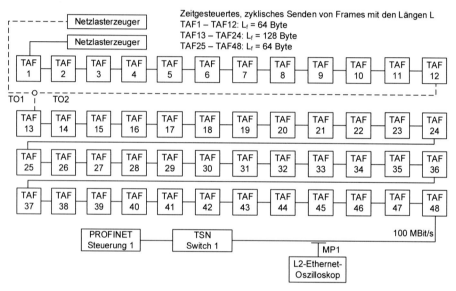

Abbildung 97: Testtopologie zur Rekonfiguration des Domänenschutzes

6.5.1 Rekonfiguration der Domänengrenze

In diesem Test wurde eine TAF-Linie um weitere TAF-Geräte erweitert und die Dynamik des Domänenschutzes überprüft.

Zu testende Funktionen und zu messende Eigenschaft (Systemstimulation)	Messbares Prüfkriterium / Eigenschaft (Systemreaktion)
Am Ende einer TAF-Linientopologie (36 Geräte) wird eine weitere TAF-Linientopologie (12 Geräte) hinzugefügt, die zu der Ethernet TSN-Domäne gehört.	Die hinzugefügten Ethernet TSN-Geräte können mit zeitgesteuerter Kommunikation (Scheduled Traffic) über die Ethernet TSN-Domäne kommunizieren.
Rekonfiguration der Topologie TO1 → TO2	Der Ethernet TSN-Domänenschutz wird rekonfiguriert, bleibt aber durchgängig erhalten.
Es wird Netzlast eingespeist.	Alle zeitgesteuerten Frames werden zeitrichtig wie berechnet übertragen. $\vert t_{fe} - t_{fem} \vert < 1\ \mu s$

Berechnung der erwarteten Kommunikation
Für Topologieoption 1 kann das Übertragungsende des letzten zeitgesteuerten Frames TAF 13 für den Messpunkt MP1 $t_{feTAF13\_TO}$ als Summe der Framelängen, die hintereinander übertragen werden, berechnet werden. Formel 6.14 zeigt diese Summenbildung aus 24 Frames mit der Länge $L_{f64} = 64$ Byte, 12 Frames mit der Länge $L_{f100} = 100\ Byte$ und jeweils der zugehörigen Präambel-Länge $L_{Präambel}$ und Inter-Frame-Gap-Länge L_{IFG}.

$$t_{feTAF13\_TO1} = 24 \cdot \left(L_{f64} + L_{Präambel} + L_{IFG}\right) \cdot \frac{8\frac{Bit}{Byte}}{D} + 12 \qquad (6.14)$$

$$\cdot \left(L_{f100} + L_{Präambel} + L_{IFG}\right) \cdot \frac{8\frac{Bit}{Byte}}{D}$$

$$t_{feTAF13\_TO} = 24 \cdot 6{,}72\ \mu s + 12 \cdot 14{,}4\ \mu s$$

$$t_{feTAF13\_TO1} = 330{,}6\ \mu s$$

Für Topologieoption 2 lässt das Übertragungsende des letzten zeitgesteuerten Frames TAF 1 für MP1 t_{feTAF1_TO} ebenfalls als Summe der Framelängen, die hintereinander übertragen werden, berechnen. Gemäß Formel 6.15 müssen anders als in Formel 6.14 nun 36 anstatt der 24 64-Byte-Frames aufsummiert werden.

$$t_{feTAF\_TO2} = 36 \cdot \left(L_{f6} + L_{Präambel} + L_{IFG}\right) \cdot \frac{8\frac{Bit}{Byte}}{D} + 12 \qquad (6.15)$$

$$\cdot \left(L_{f100} + L_{Präambel} + L_{IFG}\right) \cdot \frac{8\frac{Bit}{Byte}}{D}$$

$$t_{feTAF\_TO2} = 36 \cdot 6{,}72\,\mu s + 12 \cdot 14{,}4\,\mu s$$

$$t_{feTAF1\_TO2} = 414\,\mu s$$

Messergebnis

Das Messergebnis für die Topologieoption 1 ist in Abbildung 98 zu sehen. Der Messwert für den Burst von 48 PROFINET-Frames mit zwei verschiedenen Längen beträgt 331 µs. Der berechnete Wert betrug 330,6 µs und weicht damit weniger als 1 µs ab.

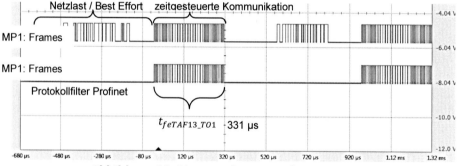

Abbildung 98: Messergebnis Topologieoption 1

Abbildung 99 gibt das Messergebnis für die Topologieoption 2 wieder. Hier beträgt der Messwert für den Burst von 48 PROFINET-Frames mit 2 verschiedenen Längen 415 µs. Berechnet wurden 414 µs, die Abweichung beläuft sich somit auf nur 1 µs.

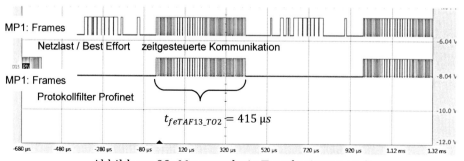

Abbildung 99: Messergebnis Topologieoption 2

6.6 Individuelle Bestimmung der Zeitsynchronisationsgüte

In diesem Kapitel wird das vorgestellte Verfahren IZG überprüft. Dass es grundsätzlich geeignet ist, eine Synchronisationsgenauigkeit automatisch zu bestimmen, und wo bei ihm die Herausforderungen und Grenzen liegen, wurde im Stand der Technik dargelegt. Im Folgenden gilt es, die vorgestellte Adaption auf das Kompatibilitätsproblem „Synchronisationsgenauigkeit zu schwach" zwischen der PROFINET IRT-Hardware (Protokoll PTCP) und dem für Ethernet TSN relevanten Zeitsynchronisationsprotokoll IEEE 802.1AS zu überprüfen. Die Validierung des Verfahrens besteht aus zwei Tests, welche die entsprechenden Thesen stützen.

Der Unterschied in der Genauigkeit der Protokolle PTCP und IEEE 802.1AS wird mit einer Topologie mit realer Hardware bestimmt.	Kapitel 6.6.2
Die grundsätzliche Nutzbarkeit des Prognosemodells wird mit Messwerten validiert.	Kapitel 6.6.3

6.6.1 Testumgebung

Es wurde eine Testumgebung mit 60 kaskadierten Bridges genutzt. Die Bridges können mit den Zeitsynchronisationsprotokollen PTCP und IEEE 802.1AS synchronisiert werden. Mithilfe von Synchronisationstestsignalen wurde die Zeit an verschiedenen Bridges mit einem Oszilloskop gemessen. Tabelle 21 zeigt in einer Gegenüberstellung die zentralen Eigenschaften.

Tabelle 21: Eigenschaften Synchronisationsprotokolle und Prototyp

		Synchronisationsprotokoll	
		PTCP	**IEEE 802.1AS**
Betriebseigenschaften	Netzlast	nein	
	Temperatur	22 Grad Celsius	
Hardwareeigenschaften	Zeitstempelauflösung	2,5 ns	
Protokolleigenschaften	Sendeintervall der Synchronisationsframes	30 ms	125 ms
	Protokollstufen	1	2 (Follow-up)

Als Referenz wurde eine nach PROFINET-Standard zertifizierte PTCP-Implementierung verwendet. Es wird hier zunächst angenommen, dass diese Hardware, was Anforderungen, Kosten und Effizienz betrifft, optimal ausgelegt ist. Dies bedeutet, dass die Hardware genau die Anforderungshöhe erreicht und nicht überdimensioniert ist.

6.6.2 Unterschied Synchronisationsgenauigkeit Protokolle

In diesem Test wurde der Synchronisationsgenauigkeitsunterschied der beiden Protokolle mit Prototypen bestimmt, um die aufgestellte These, auf der das Kompatibilitätsverfahren IZG zum Teil basiert, zu stützen. Um eine Vergleichbarkeit zu erzielen, wurden die Messungen unter konstanten Umgebungsbedingungen (Labortemperatur 22 Grad Celsius) und ohne zusätzliche Netzlast durchgeführt.

Zu testende Funktionen und zu messende Eigenschaften (Systemstimulation)	Messbares Prüfkriterium / Eigenschaften (Systemreaktion)
Zeitsynchronisationsgenauigkeit eines Synchronisationspfades PTCP IEEE 802.1AS	Maximale Synchronisationsabweichung PTCP $t_{\Delta\_PTCPmax}$ Maximale Synchronisationsabweichung IEEE 802.1AS $t_{\Delta\_802.1ASmax}$

Über einen Messzeitraum von 60 Minuten wurden die maximalen Abweichungswerte entlang eines Synchronisationspfades für 10 Bridges gegenüber dem Synchronisationsmaster gemessen. Abbildung 100 zeigt die Messergebnisse. Es ist zu erkennen, dass IEEE 802.1AS - wie bereits theoretisch erläutert - geringere Genauigkeiten bei Nutzung der gleichen Hardware erzielt und dass die Abweichungen mit zunehmend längerem Synchronisationspfad steigen.

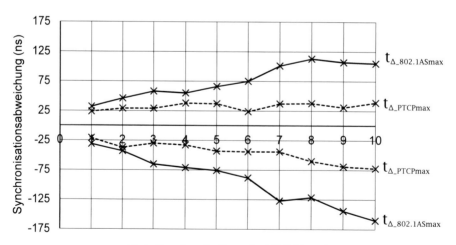

Abbildung 100: Synchronisationsgenauigkeit von PTCP und IEEE 802.1AS

Der Faktor der Synchronisationsungenauigkeit zwischen PTCP und IEEE 802.1AS in Abhängigkeit von der Tiefe des Synchronisationspfades ist Abbildung 101 dargestellt. Die Werte von maximal 3,5 liegen damit im Bereich des errechneten Werts von 4,12 und stützen die Richtigkeit.

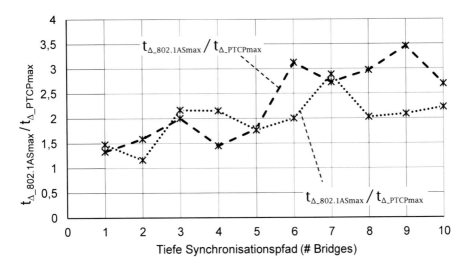

Abbildung 101: Faktor Genauigkeitsunterschied PTCP und IEEE 802.1AS

6.6.3 Prognosemodell

In diesem Test wurde die Richtigkeit und Verwendbarkeit des Prognosemodells überprüft.

Zu testende Funktionen und zu messende Eigenschaften (Systemstimulation)	Messbares Prüfkriterium / Eigenschaften (Systemreaktion)
Genauigkeit des Prognosemodells	Abweichung des Modells gegenüber der Messung mit Oszilloskop $t_{\Delta\_max\_Messung} < t_{\Delta\_max\_Prognosemodell}$

In Abbildung 102 ist zunächst die grundsätzliche Zeitsynchronisationsgenauigkeit nach 60 IEEE 802.1AS-Prototypen zu sehen. Dieses Ergebnis liegt mit einer Standardabweichung von 60 ns und maximalen Abweichungen von –300,7 ns und +299,2 ns unter der maximalen Abweichungsgrenze von 1 µs.

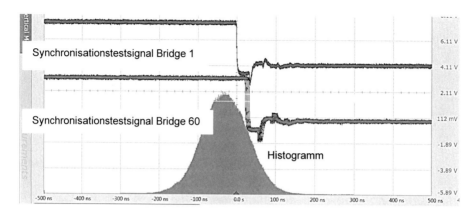

Abbildung 102: Messergebnis: Zeitsynchronisationsjitter nach 60 Bridges

Abbildung 103 gibt die gemessene Standardabweichung mit steigender Synchronisationspfadtiefe wieder. Wie in der theoretischen Herleitung beschrieben, zeigt sich hier kein linearer Verlauf. Die Kurve flacht mit zunehmender Tiefe des Synchronisationspfades ab.

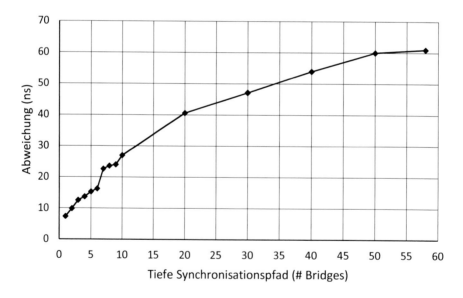

Abbildung 103: Messergebnis zur Standardabweichung bei IEEE 802.1AS

Mit weiteren Tests unter Umgebungseinflüssen könnte auf dieser Basis für den realisierten Prototyp nun die Einhaltung der Zeitsynchronisationsgenauigkeit bewiesen werden. Die bisherigen Messungen haben gezeigt, dass die Hardware des Prototyps (TPS-1-Chip) leistungsfähig ausgelegt ist. Dieser Nachweis ist aber nicht Ziel der Arbeit und dieser Validierung. Vielmehr sollen die generellen Verfahren und Thesen anhand von Prototypen geprüft werden. In Abbildung 104 ist die gemessene Maximalabweichung der Zeitsynchronisation mit dem Protokoll IEEE 802.1AS in einem Synchronisationspfad mit 60 Bridges und dazu die angenäherte Prognosekurve dargestellt.

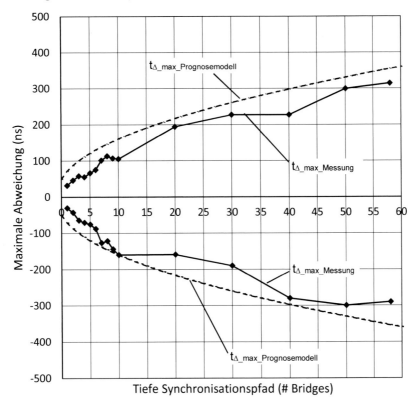

Abbildung 104: Messergebnis zur Maximalabweichung bei IEEE 802.1AS

Ergebnis: Mit einer entsprechenden Parametrierung kann die zu erwartende Abweichung mit dem Prognosemodell berechnet werden. Die Modelle sind dabei nicht komplex und können somit gut in Ethernet TSN-Konfigurationsarchitekturen integriert werden.

6.7 Anwendungstest an einer Produktionsanlage in der SmartFactoryOWL

Die Kompatibilitätsverfahren wurden in erster Linie für die schnelle und einfachere Migration der Produktportfolios von den Feldgeräten der Unternehmen hin zu Ethernet TSN entworfen. Darüber hinaus kann das Retrofitting existierender Anlagen ein Anwendungsfall für die Kompatibilitätsverfahren sein. Die Nutzbarkeit der Verfahren wurde an einer Produktionsanlage in der SmartFactoryOWL, einer gemeinsamen Forschungs- und Demonstrationsfabrik des Fraunhofer IOSB-INA und der Technischen Hochschule Ostwestfalen-Lippe, getestet. Bei der Produktionsanlage handelt es sich um ein modulares Montagesystem. Es besteht aus Maschinenmodulen und einem modularen Transportsystem. Die Anlage wird grundsätzlich über eine zentrale PROFINET-Steuerung und zur Individualisierung der Produktionsmöglichkeiten mit einem RFID-System gesteuert. Die Produktionsanlage wird für verschiedene Anwendungen mit dem Fabriknetz und dem Internet (www.smartfactoryweb.de) unter anderem mit OPC UA vernetzt [H18]. Über eine OPC-UA-Schnittstelle in der zentralen Steuerung ist die Anlage mit einem Rechencluster verbunden, der Datenanalysen durchführt. Abbildung 105 zeigt das Produktionssystem.

Abbildung 105: Modulares Montagesystem in der SmartFactoryOWL

Ausgangssituation und Aufgabenstellung des Anwendungstests
Als Anwendungstest sollte eine Funktionserweiterung eines Transportmoduls umgesetzt werden. Dies umfasst eine hochpräzise Zustandsüberwachung des Förderprozesses (und damit des Antriebs und der mechanischen Förderketten und Bänder), die eine synchronisierte und präzise Datenaufnahme und Kommunikation erfordern. Die Zustandsüberwachung soll lokal an der Anlage und in einem Rechencluster ausgeführt werden können. Neben der zeitgesteuerten PROFINET-Kommunikation ist dafür eine synchronisierte OPC-UA-Kommunikation erforderlich. Abbildung 106 zeigt ein Fördermodul der Anlage. Zu sehen ist einer der Werkstückträger, zwei Sensoren sowie IO-Stationen (rechts und

links). Die Sensoren und die IO-Station waren bereits vor der Erweiterung vorhanden und sollen für die Zustandsüberwachung verwendet werden.

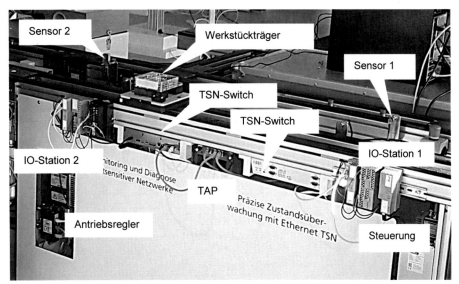

Abbildung 106: Anwendungstest von Kompatibilitätsverfahren

Das Konzept soll weiterhin die zukünftige Integration einer „Fliegender Schrauber"-Einheit mit einer Lageregelung ermöglichen. Der fliegende Schrauber soll Schrauben eines Gehäuses, das auf einem Werkstückträger auf den Transportbändern bewegt wird, anschrauben, ohne den Werkstückträger zu stoppen. Tabelle 22 fasst zusammen, welche Funktionen das bestehende Transportmodul hat (linke Spalte Ausgangssituation) und welche Funktionserweiterung neu gefordert sind (rechte Spalte).

Tabelle 22: Ausgangssituation und neue Anforderungen

Ausgangssituation Funktionen	Neue Anforderungen (Funktionserweiterungen)
Motor über PROFINET RT von einer zentralen Steuerung schaltbar	Motor über PROFINET RT von einer zentralen Steuerung schaltbar
Übertragung von zwei Sensorwerten über PROFINET RT an eine zentrale Steuerung	Übertragung von zwei Sensorwerten über PROFINET RT an eine zentrale Steuerung
	Übertragung von zwei synchronisierten Sensorwerten über PROFINET TSN an eine dezentrale Steuerung für eine lokale Zustandsüberwachung
	Übertragung von synchronisierten Sensorwerten mit OPC UA an einen Rechencluster für eine modellbasierte Zustandsüberwachung auf der Basis historischer Daten
	Option für die Ergänzung einer „Fliegender Schrauber"-Lageregelungsanwendung mit PROFINET TSN mit einer Reaktionsfähigkeit von 1 ms
	Bandbreitenreserve von mindestens 200 MBit/s für weitere Datenanalyseanwendungen

Lösungskonzept und Realisierung

Die grundsätzlichen Anforderungen Protokollkonvergenz, stoßfreie Rekonfiguration und synchronisierte Kommunikation können mit einem Ethernet TSN-basierten Netzwerk gelöst werden. Ein Lösungskonzept wäre der vollständige Tausch der Automatisierungs- und Netzwerktechnik, vorausgesetzt, die Geräte sind verfügbar. Mithilfe der Kompatibilitätsverfahren können die IO-Stationen, Frequenzumrichter und Antriebe dagegen erhalten bleiben und per Softwareupdate um Ethernet TSN erweitert werden. Ethernet TSN-Switches sollen neu hinzugefügt werden. Die Topologie vor und nach der Funktionserweiterung ist in Abbildung 107 zu sehen. Die IO-Module 1 und 2 bleiben erhalten und werden mit den entwickelten Kompatibilitätsverfahren TSN-fähig gemacht (Fördermodul n). Mit der dezentralen PROFINET-Steuerung können lokal schnelle Prozesse umgesetzt werden. Das IO-Gerät 3 ist ein OPC UA-TSN-Gerät, das synchronisierte Messdaten an das Rechencluster (Edge) sendet. Das volle Potenzial der Möglichkeiten und die weitere Optimierung zeigt der obere Teil von Abbildung 107. Hier ist der OPC UA-Stack zusammen mit dem PROFINET-Stack in das TAF-basierte IO-Gerät 1 integriert. Weiterhin wird TAF auch in den Frequenzumrichtern verwendet. So kann die zentrale Steuerung durchgängig auf der Basis von TSN mit allen Feldgeräten kommunizieren und schnelle Reaktionen und Lageregelungen können in der zentralen Steuerung umgesetzt werden. Die dezentrale Steuerung kann (zumindest aus diesem Grund) entfallen.

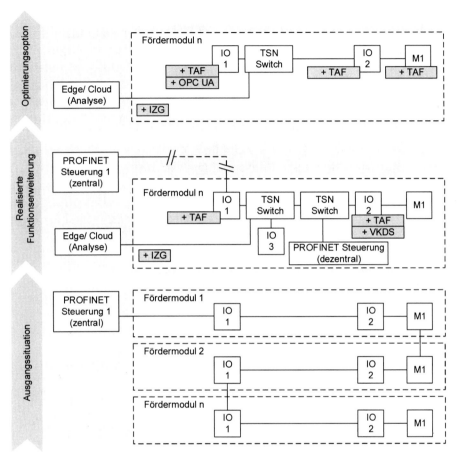

Abbildung 107: Topologie vor und nach der Funktionserweiterung

Ergebnisse und Bewertung

Es ergeben sich Kostenersparnisse durch den Einsatz der Kompatibilitätsverfahren je IO-Station (insgesamt 10 in der Anlage) und je Antrieb (insgesamt 12 in der Anlage), da diese nicht neu angeschafft werden müssen. Bei einer Umrüstung der gesamten Anlage entfallen neben der Investitionskostenersparnis zudem die Kosten für den Einbau. Hinzu kommt, dass die neue Generation von TSN-fähigen Feldgeräten, die für die Umsetzung der Anforderungen erforderlich wäre, noch nicht zur Verfügung steht.

Mit den Kompatibilitätsverfahren konnten die Kommunikationseigenschaften einer Transportbandeinheit per Softwareupdate und Integration von TSN-Switches so erweitert werden, dass sich neue Anwendungen wie eine Datenbasierte Zustandsüberwachung realisieren ließen. Neben der notwendigen Flexibilität sind zukünftig auch die Nachrüstung und der Betrieb einer zusätzlichen Lageregelungsanwendung (Fliegender Schrauber) möglich.

7 Zusammenfassung und Bewertung

Das Ziel dieser Arbeit war die Beantwortung der Forschungsfrage, wie bestehende PROFINET-Geräte mit den geforderten Funktions- und Leistungsmerkmalen kompatibel mit Ethernet TSN-Netzwerken genutzt werden können. Es wurden die Funktions- und Ressourcendifferenzen zwischen bestehender PROFINET-Hardware und Ethernet TSN analysiert. Als kritische Inkompatibilitäten wurden neben zu kleinen Weiterleitungstabellen und der notwendigen Synchronisationsgenauigkeit insbesondere die Behandlung von VLAN-Tags in Verbindung mit zeitgesteuerter Kommunikation (Scheduled Traffic) und TSN-Domänenschutzmechanismen identifiziert. Diese Inkompatibilitäten haben bislang eine einfache Migration von bestehenden Geräten durch Softwareaktualisierung auf Ethernet TSN behindert. Tabelle 23 fasst die Inkompatibilitäten zusammen.

Tabelle 23: Zusammenfassung der Inkompatibilitäten

PROFINET TSN Ethernet TSN Anforderungen	PROFINET bestehende Hardware	X Inkompatibilität X
Adressen: 512	Adressen: 32	**Weiterleitungstabelle** von bestehender Hardware **zu klein** 512 TSN-Routen sind nicht möglich.
VLAN-Prioritäten-Auswertung für Queues, die mit **TAS** arbeiten können	VLAN-Prioritäten-Auswertung für 8 Queues, aber **nicht für eine zeitgesteuerte Queue**	Es ist **keine Frame-Identifikation** für **zeitgesteuerte Kommunikation (Scheduled Traffic)** auf der Basis von VLAN-Tags mit bestehender Hardware möglich. Die Zuordnung von Frames zu zeitgesteuerten Queues auf der Basis von VLAN-Tags ist nicht möglich.
VLAN-Remapping: **8 konfigurierbare Regeln**	VLAN-Remapping: **0 konfigurierbare Regeln**	**VLAN-Remapping-Hardware** ist in bestehender Hardware **nicht vorhanden.** Der Domänenschutz auf der Basis von VLAN-Remapping ist nicht möglich.
Synchronisations-genauigkeit: 1 µs bei Synchronisations-intervall **125 ms** (verschiedene Datenraten 10 MBit/s bis 10 GBit/s und Netzwerkdiameter 64)	Synchronisations-genauigkeit: 1 µs bei Synchronisations-intervall **30 ms** (100 MBit/s und Netzwerk-diameter 64)	Die **Synchronisationsgenauigkeit** von bestehender Hardware ist **zu gering.** Die Güteforderung für die Zeitsynchronisation kann auf der Basis von Herstellererklärungen und Systemstandards nicht garantiert werden.

© Der/die Autor(en), exklusiv lizenziert durch
Springer-Verlag GmbH, DE, ein Teil von Springer Nature 2022
S. Schriegel, *Kompatibilitätsverfahren für Profinet-Hardware mit Ethernet Time Sensitive Networks*, Technologien für die intelligente Automation 16,
https://doi.org/10.1007/978-3-662-64742-4_7

In dieser Arbeit wurden daher TSN-Kompatibilitätsverfahren für PROFINET-Hardware mit zwei Ports entwickelt, mit denen sich die Inkompatibilitäten kompensieren lassen.

- Das Hauptverfahren Time Aware Forwarding (TAF) ist ein neuer Ethernet TSN-kompatibler Bridging-Modus, der eine zeitgesteuerte Kommunikation (Scheduled Traffic) ohne Frame-Identifikation anhand von VLAN-Prioritäten oder MAC-Adressen ermöglicht.
- Das Nebenverfahren VKDS ermöglicht einen alternativen TSN-Domänenschutz.
- Das Kompatibilitätsverfahren IZG erlaubt den Einsatz von Hardware mit zu schwachen Zeitsynchronisationseigenschaften.

Tabelle 24 fasst die Kompatibilitätsverfahren mit einer Kurzbeschreibung zusammen und zeigt, welche Inkompatibilität jeweils kompensiert wird. Es wird ein grundsätzlicher Kompatibilitätsverfahrenstyp angegeben, der aussagt, wie das Kompatibilitätsverfahren in der Praxis umgesetzt wird. Während das Hauptverfahren TAF lediglich das Gerät selbst betrifft, das kompatibel im Gesamtsystem arbeiten kann, sind für die Implementierung der Nebenverfahren VKDS und IZG Ergänzungen auch in den anderen TSN-Geräten der TSN-Domäne oder der Systemkonfiguration notwendig.

Tabelle 24: Übersicht über Kompatibilitätsverfahren und Verfahrenstyp

√ Kompatibilitätsverfahren √	Inkompatibilität, die gelöst wird	Kompatibilitätsverfahrenstyp
TAF **Time Aware Forwarding** (Hauptverfahren) Das Weiterleiten (Switching) von TSN-Frames erfolgt auf der Basis der Empfangszeit, ohne dass eine Frame-Identifikation auf der Basis von VLAN-Prioritäten vorgenommen wird. Weiterhin werden Frames grundsätzlich weitergeleitet, wenn es keinen Adresstabelleneintrag gibt. Dadurch sinkt die notwendige Anzahl von Adresseinträgen von 512 auf 2.	Weiterleitungstabelle von bestehender Hardware zu klein	Verfahren in Gerät: kompatibles Verhalten
	Keine Frame-Identifikation von zeitgesteuerter Kommunikation auf der Basis von VLAN-Tags	
VKDS **Verteilter kooperativer Domänenschutz** (Nebenverfahren) Das VLAN-Remapping wird nicht an der Domänengrenze implementiert, wenn es sich bei dem Gerät, das an der Domänengrenze arbeitet, um ein TAF-Gerät handelt, sondern am ersten TSN-Switch, der die Funktion unterstützt.	VLAN-Remapping-Hardware nicht vorhanden	Verfahren im System: Kompatibilität durch Software-Aktualisierung anderer Komponenten (Geräte) oder Standards
IZG **Zeitsynchronisationsgenauigkeit individuell berechnen** (Nebenverfahren) Die Zeitsynchronisationseigenschaften der Bridges und Leitungen werden modelliert und die Genauigkeit für das spezifische Netzwerk wird individuell berechnet. So können Komponenten mit individuellen Ressourcen eingesetzt werden.	Synchronisationsgenauigkeit eines Gerätes zu gering	Verfahren im System: Kompatibilität durch Software-Aktualisierung anderer Komponenten (Netzwerkkonfiguration) oder Standards

Die Verfahren ermöglichen somit die Kompatibilität der bestehenden PROFINET-Hardware mit Ethernet TSN-Netzwerken mit den geforderten Eigenschaften. Tabelle 25 listet die Verbesserungen eines solchen Vorgehens gegenüber dem Stand der Technik auf.

Tabelle 25: Verbesserungen gegenüber bisherigen Migrationsverfahren

Metriken und Funktionen	Nutzung von bestehenden PROFINET-Geräten in Kombination mit Ethernet TSN-Netzwerken mit den **bisherigen Verfahren (Stand der Wissenschaft und Technik)** X	Nutzung von bestehenden PROFINET-Geräten in Kombination mit Ethernet TSN-Netzwerken mit den **Kompatibilitätsverfahren (Ergebnis dieser Arbeit)** √
Synchronität der Jitter-Echtzeitdaten gegenüber der Applikation	> 1 ms (kein zeitgesteuerte, synchronisierte Kommunikation)	< 1 µs (zeitgesteuerte Kommunikation)
Garantierbare Latenzzeit je Bridge bei 100 MBit/s	minimal 122 µs (Strict Priority, maximale Framelänge bei 100 MBit/s)	~ 3 µs (abhängig von der Hardware) (zeitgesteuerte Kommunikation und Cut Through)
Topologiemöglichkeit	**eingeschränkt**: Bestehende Geräte müssen (außerhalb) an eine TSN-Domäne angeschlossen werden.	**beliebig**: bestehende Geräte können in die TSN-Domäne integriert werden
Robustheit	**keine garantierten** Ressourcen (Speicher, Bandbreite)	**garantierte** Ressourcen (Speicher, Bandbreite)
Stoßfreie Rekonfiguration	für nicht synchronisierte Kommunikation möglich	für nicht synchronisierte und für synchronisierte, zeitgesteuerte Kommunikation **möglich**

Neben diesen Verbesserungen der Eigenschaften gegenüber heutigen Migrationslösungen wurde geprüft, inwieweit die Kompatibilitätsverfahren den allgemeinen Anforderungen der IEC/IEEE 60802-TSN-IA-Arbeitsgruppe entsprechen und mit den Standards konform sind. Tabelle 26 zeigt die Bewertung.

Tabelle 26: Bewertung der Kompatibilitätsverfahren

TSN-Kompatibilitätsverfahren	Applikationsnutzen (IIoT, Industrie 4.0)	Interoperabilität (Systeme)		Konformität (Standards)	
	IEC/IEEE 60802 Anforderungen: Funktionen und Eigenschaften	IEEE 802	PROFINET TSN V2.4	IEEE 802	PROFINET TSN V2.4
TAF Time Aware Forwarding	erfüllt √	ja² √	ja² √	nein x	nein x
VKDS Verteilter kooperativer Domänenschutz	erfüllt √	ja¹ √	ja¹ √	ja √	nein x
IZG Zeitsynchronisationsgenauigkeit individuell berechnen	Netzwerkdiameter oder Genauigkeitsgarantie abhängig von der Leistung der eingesetzten Hardware	ja¹ √	ja √	ja √	ja √

[1]Systemintegration, Konfigurationsmechanismus oder Aufbaurichtlinienergänzung notwendig
[2]Geräte, die mit einem Standard konform sind, können mit Geräten, die das Kompatibilitätsverfahren nutzen, interoperabel arbeiten.

Mit den Verfahren TAF und VKDS können die in den IEC/IEEE 60802-Anforderungsdokumenten definierten Funktionen und Leistungseigenschaften für die Geräteklasse erfüllt werden. IZG hingegen kann die Zeitsynchronisationsgenauigkeit nicht verbessern, sondern nur individuell berechnen. Je nach Netzwerktopologie und der Synchronisationsleistungsfähigkeit der eingesetzten Geräte (Zeitstempelauflösung, Oszillatorstabilität) kann die geforderte Genauigkeit von 1 µs nicht erreicht werden. Alle drei Verfahren ermöglichen es anderen Ethernet TSN-Geräten, interoperabel mit Geräten, welche die Kompatibilitätsverfahren nutzen, zu kommunizieren. Dies wurde auf der Basis eines Prototyps und verschiedener Testszenarien validiert. Eine Nutzung von VKDS erfordert eine Integration in das System.

Gesamtfazit

Ethernet TSN umfasst relevante Standards, mit denen die Netzwerkintegration der OT und IT umgesetzt werden kann. Die unterschiedlichen Dynamiken der Lebenszyklen von Automatisierungstechnik und IT-Technologien erschweren aber die Verwendung einer einheitlichen Netzwerktechnologie, da die Feldgeräte unter ökonomischen Gesichtspunkten kaum sinnvoll Schritt halten können, wenn dazu stetig neue Hardwaregenerationen eingeführt werden müssen. Die hier entwickelten Kompatibilitätsverfahren leisten insofern einen Beitrag dazu, den evolutionären Entwicklungsprozess von vernetzten Automatisierungssystemen zu beschleunigen und die Konflikte zwischen den verschiedenen Technologielebenszyklen zu mindern.

Mit den entwickelten Ethernet TSN-Kompatibilitätsverfahren kann bestehende PROFINET-Hardware mit zwei Ports in Ethernet TSN-Netzwerken mit den geforderten Eigenschaften kompatibel genutzt werden. Dafür ist eine Softwareaktualisierung für die Geräte notwendig, welche die Kompatibilitätsverfahren enthält.

Gegenüber dem Stand der Technik werden verbesserte Eigenschaften erzielt: Es wird eine synchronisierte, zeitgesteuerte Kommunikation mit einem Jitter kleiner 1 µs und einer garantierten Latenzzeit je nach Hardware im Bereich von 3 µs je Bridge ermöglicht. Bisher war nur eine nicht synchronisierte Kommunikation mit einer garantierten Latenzzeit von 122 µs je Bridge möglich. Weiterhin ist die Topologie inklusive der Position der bestehenden Geräte in der TSN-Topologie gegenüber den heutigen Verfahren, bei denen bestehende Geräte nur an Domänengrenzen angeschlossen werden können, frei wählbar.

Generell können die Kompatibilitätsverfahren dazu beitragen, dass sich eine in ihren Funktionen und Ressourcen begrenzte Hardware in Ethernet TSN-Netzwerken einsetzen lässt. Sie erlauben es, Hardwaredefizite wie eine zu geringe Zeitstempelauflösung, eine zu kleine Quarzoszillatorstabilität, eine zu kleine Adresstabelle, zu wenig konfigurierbare VLAN-Remappingregeln oder eine fehlende VLAN-Behandlung zu kompensieren.

Referenzen

[5GACIA20] 5G Alliance for Connected Industries and Automation (ACIA): Integration of 5G with Time-Sensitive Networking for Industrial Communications. Online: https://www.5g-acia.org/fileadmin/5G-ACIA/Downloads/Integration_of_5G_with_Time-Senisitive_Networking_for_Industrial_Commnications.pdf, Frankfurt am Main, Dezember 2020.

[A16] Mazak, Alexandra; Wimmer, Manuel; Huemer, Christian; Kappel, Gerti; Kastner, Wolfgang: Rahmenwerk zur modellbasierten horizontalen und vertikalen Integration von Standards für Industrie 4.0. In: Handbuch Industrie 4.0, Springer-Verlag, Berlin Heidelberg, 2016.

[A20] von Arnim, Christian; Drăgan, Mihai; Frick, Florian; Lechler, Armin; Riedel, Oliver; Verl, Alexander: TSN-based Converged Industrial Networks: Evolutionary Steps and Migration Paths. In: 14th IEEE International Conference on Emerging Technologies and Factory Automation (ETFA 2020) Wien, Österreich, September 2020.

[AX15] Ax, Johanes, Buda, Aurel, Schneider, Daniel, Hartfiel, John, Dürkop, Lars, Jungeblut, Thorsten, Jasperneite, Jürgen; Vedral, Andreas; Rückert, Ulrich: Universelle Echtzeit-Ethernet Architektur zur Integration in rekonfigurierbare Automatisierungssysteme. In: 45. Jahrestagung der Gesellschaft für Informatik, Cottbus, 2015.

[B18] Leigh, Bob; Torenbeek, Reinier: Using DDS with TSN and Adaptive AUTOSAR. Online: https://www.ieee802.org/1/files/public/docs2018/dg-leigh-autosar-dds-tsn-use-case-1218-v02.pdf, 2018.

[BE19] Lo Bello, Lucia; Steiner, Winfried: A Perspective on IEEE Time-Sensitive Networking for Industrial Communication and Automation Systems, Proceedings of the IEEE, 2019.

[BMBF13] Bundesministerium für Bildung und Forschung: Zukunftsbild „Industrie 4.0". Bonn, 2013.

[C07] Choingning, N.; Obradovic, D.; Scheiterer, R.; Steindl, G.; Goetz, F.: Synchronization performance of the precision time protocol. In: IEEE International Symposium on Precision Clock Synchronization for Measurement Control and Communication (ISPCS), 2007.

[CBdb20] Draft Standard for Local and metropolitan area networks - Frame Replication and Elimination for Reliability - Amendment: Extended Stream identification functions D1.1. Online:

S. Schriegel, *Kompatibilitätsverfahren für Profinet-Hardware mit Ethernet Time Sensitive Networks*, Technologien für die intelligente Automation 16, https://doi.org/10.1007/978-3-662-64742-4

https://www.ieee802.org/1/files/private/db-drafts/d1/802-1CBdb-d1-1.pdf, Dezember 2020.

[D15]   Dürkop, Lars; Jasperneite, Jürgen; Fay, Alexander: An Analysis of Real-Time Ethernets with Regard to Their Automatic Configuration. In: 11th IEEE World Conference on Factory Communication Systems (WFCS 2015), Spain, Mai 2015.

[E20]   Etz, Dieter; Brantner, Hannes; Kastner, Wolfgang: Smart Manufacturing Retrofit for Brownfield Systems. In: International Conference on Industry 4.0 and Smart Manufacturing, Procedia Manufacturing, Elsevier, 2020.

[ECTSN18]   Weber, Karl: EtherCAT Technology Group: EtherCAT and TSN – Best Practices for Industrial Ethernet System Architectures. Online: https://www.ethercat.org/download/documents/Whitepaper_EtherCAT_and_TSN.pdf.

[F11]   Flatt, Holger; Schriegel, Sebastian; Jasperneite, Jürgen: Reliable Synchronization Accuracy in IEEE 1588 Networks Using Device Qualification with Standard Test Patterns. In: International Symposium on Precision Clock Synchronization for Measurement, Control, and Communication (ISPCS), Lemgo, 2013.

[F12-1]   Flatt, Holger; Schriegel, Sebastian; Jasperneite, Jürgen; Schewe, Frank: An FPGA based Approach for the Enhancement of COTS Switch ASICs with Real-Time Ethernet Functions. In: 17th IEEE International Conference on Emerging Technologies and Factory Automation (ETFA 2012), Krakow, Poland, September 2012.

[F12-2]   Flatt, Holger; Schriegel, Sebastian; Neugarth, Thimo; Jasperneite, Jürgen: An FPGA based HSR Architecture for Seamless PROFINET Redundancy. In: 9th IEEE International Workshop on Factory Communication Systems (WFCS 2012), Lemgo, Mai 2012.

[F13-1]   Flatt, Holger; Schewe, Frank; Jasperneite, Jürgen: An FPGA Based Cut-Through Switch Optimized for One-Step PTP and Real-Time Ethernet. In: IEEE International Symposium on Precision Clock Synchronization for Measurement, Control and Communication 2013, Lemgo, September 2013.

[F13-2]   Flatt, Holger; Jasperneite, Jürgen; Dennstedt, Daniel; Hung, Tran Dinh: Mapping of PRP/HSR Redundancy Protocols onto a Configurable FPGA/CPU Based Architecture. In: IEEE International Conference on Embedded Computer Systems: Architectures, Modeling and Simulation (SAMOS XIII), Greece, Juli 2013.

[F18]   Farkas, János: IEEE Std 802.1CM Time-Sensitive Networking for Fronthaul. Online: https://www.ieee802.org/1/files/public/docs2018/cm-farkas-overview-0718-v01.pdf, 2018.

[G19]   Grüne, Andreas: Profinet Device Chip TPS-1 mit MRP und System-
           redundanz S2: Einfacher Anschluss von Profinet-Geräten an re-
           dundante Steuerungen. In: Chemie Technik. Online:
           https://www.chemietechnik.de/einfacher-anschluss-von-profi-
           net-geraeten-an-redundante-steuerungen, 2019.

[H18]   Heymann, Sascha; Stojanovic, Ljiljana; Watson, Kym; Seungwook,
           Nam; Song, Byunghun; Gschossmann, Hans; Schriegel, Sebastian;
           Jasperneite, Jürgen: Cloud-based Plug and Work architecture of
           IIC Testbed Smart Factory Web. In: IEEE 23rd International Con-
           ference on Emerging Technologies and Factory Automation
           (ETFA), Italy, September 2018.

[H20]   Hallmans, Daniel; Ashjaei, Mohammad; Nolte, Thomas: Analysis
           of the TSN Standards for Utilization in Long-life Industrial Dis-
           tributed Control Systems. In: 14th IEEE International Conference
           on Emerging Technologies and Factory Automation (ETFA 2020),
           Wien, Österreich, September 2020.

[IEC62264] Enterprise-control system integration - Part 1: Models and termi-
           nology, IEC Std. 62264-1:2013, 2013.

[I09]   Imtiaz, Jahanzaib; Jasperneite, Jürgen; Han, Lixue: A Performance
           Study of Ethernet Audio Video Bridging (AVB) for Industrial Real-
           time Communication. In: 14th IEEE International Conference on
           Emerging Techonologies and Factory Automation (ETFA 2009),
           Spain, September 2009.

[I11]   Imtiaz, Jahanzaib; Jasperneite, Jürgen; Schriegel, Sebastian: A
           Proposal to Integrate Process Data Communication to IEEE 802.1
           Audio Video Bridging (AVB). In: 16th IEEE International Confer-
           ence on Emerging Technologies and Factory Automation (ETFA
           2011), Toulouse, France, September 2011.

[I12]   Imtiaz, Jahanzaib; Jasperneite, Jürgen; Weber, Karl: Approaches
           to reduce the Latency for High Priority Traffic in IEEE 802.1 AVB
           Networks. In: 9th IEEE International Workshop on Factory Com-
           munication Systems (WFCS 2012), Lemgo, Germany, Mai 2012.

[I13]   Imtiaz, Jahanzaib; Jasperneite, Jürgen: Scalability of OPC-UA
           Down to the Chip Level Enables "Internet of Things". In: 11th In-
           ternational IEEE Conference on Industrial Informatics, Bochum,
           Germany, Juli 2013.

[ISA95]   ANSI/ISA-95.00.01-2010 (IEC 62264-1 Mod) Enterprise-Control
           System Integration - Part 1: Models and Terminology, 2010.

[J02]   Jasperneite, Jürgen: Leistungsbewertung eines lokalen Netzwer-
           kes mit Class-of-Service Unterstützung für die prozessnahe Echt-
           zeitkommunikation. Magdeburg, Dissertation, Juli 2002.

[J04]   Jasperneite, Jürgen; Shehab, K.; Weber, Karl: Enhancements to the Time Synchronization Standard IEEE-1588 for a System of Cascaded Bridges. In: 5th IEEE International Workshop on Factory Communication Systems (WFCS), Vienna, Austria, September 2004.

[J07]   Jasperneite, Jürgen; Schumacher, Markus; Weber, Karl: Limits of Increasing the Performance of Industrial Ethernet Protocols. In: 12th IEEE Conference on Emerging Technologies and Factory Automation, Patras, Greece, September 2007.

[J09]   Jasperneite, Jürgen; Imtiaz, Jahanzaib; Schumacher, Markus; Weber, Karl: A Proposal for a Generic Real-time Ethernet System. In: IEEE Transactions on Industrial Informatics, Mai 2009.

[J12]   Jasperneite, Jürgen: Industrie 4.0 - Alter Wein in neuen Schläuchen? In: Computer&Automation, 2012.

[J14]   Jasperneite, Jürgen: OPC UA on chip level as an enabler for Industry 4.0. In: Fachzeitschrift OPC-UA as pioneer of Industry 4.0 (R)Evolution (OPC Foundation) 2014.

[J20]   Jasperneite, Jürgen, Sauter, Thilo, Wollschläger, Martin: Why We Need Automation Models: Handling Complexity in Industry 4.0 and the Internet of Things. In: IEEE Industrial Electronics Magazine, Mar 2020.

[K11]   Kagermann, H.; Lukas, W.-D.; Wahlster, W.: Industrie 4.0: Mit dem Internet der Dinge auf dem Weg zur 4. industriellen Revolution. In: VDI-Nachrichten, 2011.

[K14]   Kirschberger, Daniel; Flatt, Holger; Jasperneite, Jürgen: An Architectural Approach for Reconfigurable Industrial I/O Devices. In: International Conference on ReConFigurable Computing and FPGAs (ReConFig 2014), Cancun, Mexico, Dezember 2014.

[K18-1]   Kobzan, Thomas; Schriegel, Sebastian; Althoff, Simon; Boschmann, Alexander; Otto, Jens; Jasperneite, Jürgen: Secure and Time-sensitive Communication for Remote Process Control and Monitoring. In: IEEE International Conference on Emerging Technologies and Factory Automation (ETFA), Torino, Italy, September 2018.

[K18-2]   Kobzan, Thomas; Boschmann, Alexander; Althoff, Simon; Blöcher, Immanuel; Schriegel, Sebastian; Michels, Jan Stefan; Jasperneite, Jürgen: Plug&Produce durch Software-defined Networking. In: Kommunikation in der Automation (KommA 2018). Lemgo, November 2018.

[LI20]   Li, Z. et al.: Time-Triggered Switch-Memory-Switch Architecture for Time-Sensitive Networking Switches. In: IEEE Transactions on

          Computer-Aided Design of Integrated Circuits and Systems,
          2020.

[L20-1]   Leßmann, Gunnar; Gamper, Sergej; Albrecht; Janis; Schriegel, Se-
          bastian: Skalierbarkeit von PROFINET over TSN für ressourcenbe-
          schränkte Geräte. In: Kommunikation in der Automation (KommA
          2020), Lemgo, Okt 2020.

[L20-2]   Leßmann, Gunnar; Biendarra, Alexander; Schriegel, Sebastian:
          Vergleich von Ethernet TSN-Nutzungskonzepten. In: Kommunika-
          tion in der Automation (KommA 2020), Lemgo, Okt 2020.

[N09]   Jiri Spale: netX - Network controller for automation. In: IEEE Ap-
          plied Electronics, 2009.

[N17]   Nsaibi, S.; Leurs, Ludwig; Schotten, H. D.: Formal and simulation-
          based timing analysis of Industrial-Ethernet sercos III over TSN.
          In: IEEE/ACM 21st Int. Symp. Distrib. Simulat. Real Time Appl.
          (DS-RT), 2017.

[N20]   netX 90: A Single-Chip Device Connectivity Solution for IIoT,
          Hilscher, 2020.

[PI20]   Meinrad Happacher: Profinet und Co. - Die aktuellen Installati-
          ons-Zahlen. In: Computer & Automation, Online:
          https://www.computer-automation.de/feldebene/vernet-
          zung/die-aktuellen-installations-zahlen.164317.html, 2020.

[PNG20]   Friesen, Andrej; Biendarra, Alexander; Schriegel, Sebastian: Gui-
          deline PROFINET over TSN V1.2, Profibus International, Juni
          2020.

[PNGS19] Pethig, Florian; Schriegel, Sebastian: Guideline PROFINET over
          TSN Scheduling, Profibus International, November 2019.

[PNV2.3] PROFINET Specification IEC 61158 (V2.3), Profibus User Organiza-
          tion (PNO), 2019.

[PNV2.4] PROFINET Specification IEC 61158 (V2.4), Profibus User Organiza-
          tion (PNO), 2019.

[P12]   Pieper, Carsten; Schumacher, Markus; Kirschberger, Daniel; Kroll,
          Björn; Schriegel, Sebastian; Breit, Eugen: Funktionsdurchgängige
          Kopplung von Industrial Ethernet-Protokoll-Domänen mit Multi-
          Layer-Gateways. In: 3. Jahreskolloquium Kommunikation in der
          Automation (KommA 2012). Lemgo, November 2012.

[P17-1]   Leßmann, Gunnar; Schriegel, Sebastian: Portunabhängiges topolo-
          gisch geplantes Echtzeitnetzwerk, Status erteilt (US, CN), EP
          2490372 B1, 2017.

[P17-2]   Leßmann, Gunnar; Schriegel, Sebastian: Portunabhängiges PROFI-
            NET IRT, Europäischen Patentamt EP 2490372 B; Status: erteilt,
            2017.

[P20]   Patrick Denzler, Jan Ruh, Marine Kadar, Cosmin Avasalcai and
            Wolfgang Kastner. Towards Consolidating Industrial Use Cases
            on a Common Fog Computing Platform. In 2020 25th IEEE Inter-
            national Conference on Emerging Technologies and Factory Auto-
            mation (ETFA), 2020.

[RO17]   Romoth J, Porrmann M, Rückert U.: Survey of FPGA applications
            in the period 2000 – 2015 (Technical Report).
            doi:10.13140/RG.2.2.16364.56960, 2017.

[RJ92]   Jain, Raj: The Art of Computer Systems Performance Analysis.
            John Wiley & Sons, Inc. ISBN 0-471-50336-3, 1991.

[S07]   Schriegel, Sebastian; Jasperneite, Jürgen: Investigation of indus-
            trial environmental influences on clock sources and their effect
            on the synchronization accuracy of IEEE 1588. In: International
            IEEE Symposium on Precision Clock Synchronization for Measure-
            ment, Control and Communication (ISPCS), 2007.

[S08]   Schumacher, Markus; Jasperneite, Jürgen; Weber, Karl: A new Ap-
            proach for Increasing the Performance of the Industrial Ethernet
            System PROFINET. In: 7th IEEE International Workshop on Factory
            Communication Systems (WFCS 2008) S.: 159 - 167, Dresden, Ger-
            many, Mai 2008.

[S09-1]   Sauter, Thilo; Jasperneite, Jürgen; Lo Bello, Lucia: Towards New
            Hybrid Networks for Industrial Automation. In: 14th IEEE Interna-
            tional Conference on Emerging Techonologies and Factory Auto-
            mation (ETFA 2009), Spain, September 2009.

[S09-2]   Schriegel, Sebastian; Trsek, Henning; Jasperneite, Jürgen: En-
            hancement for a Clock Synchronization Protocol in Heterogene-
            ous Networks. In: 2009 International IEEE Symposium on Preci-
            sion Clock Synchronization for Measurement, Control and Com-
            munication (ISPCS), Brescia, Italy, 2009.

[S10]   Schriegel, Sebastian; Kirschberger, Daniel; Trsek, Henning: Repro-
            ducible IEEE 1588-Performance Tests with Emulated Environmen-
            tal Influences. In: 2010 International IEEE Symposium on Preci-
            sion Clock Synchronization for Measurement, Control and Com-
            munication (ISPCS), Portsmouth, USA, 2010.

[S11]   Schriegel, Sebastian; Jasperneite, Jürgen: Taktsynchrone Applika-
            tionen mit PROFINET IO und Ethernet AVB. In: Automation 2011 –
            VDI-Kongress, Baden Baden, Juni 2011.

[S12]   Schriegel, Sebastian; Pethig, Florian; Jasperneite, Jürgen: Intelli-
            gente Lastverschiebung in der Produktionstechnik – Ein Weg zum
            Industrial Smart Grid. In: VDE-Kongress Smart Grid 2012 – Intelli-
            gente Energieversorgung der Zukunft, Stuttgart, November 2012.

[S13-1]   Schumacher, Markus; Wisniewski, Lukasz; Schriegel, Sebastian;
            Jasperneite, Jürgen: Node to Node Synchronization Accuracy Re-
            quirements of Dynamic Frame Packing. In: International Sympo-
            sium on Precision Clock Synchronization for Measurement, Con-
            trol, and Communication (ISPCS), Lemgo, 2013.

[S13-2]   Schriegel, Sebastian; Flatt, Holger; Jasperneite, Jürgen: Gütega-
            rantien für Zeitsynchronisationsgenauigkeit in IEEE 1588-Netz-
            werken durch standardisierte Gerätequalifizierung. In: Kommuni-
            kation in der Automation (KommA 2013), Magdeburg, 2013.

[S13-3]   Schumacher, Markus; Wisniewski, Lukasz; Jasperneite, Jürgen;
            Schriegel, Sebastian: Echtzeit-Ethernet im Gigabit-Zeitalter. In:
            VDI Kongress AUTOMATION 2013, Baden-Baden, Juni 2013.

[S14-1]   Schriegel, Sebastian; Wisniewski, Lukasz: Investigation in Auto-
            matic Determination of Time Synchronization Accuracy of PTP
            Networks with the Objective of Plug-and-Work. In: 2014 Interna-
            tional IEEE Symposium on Precision Clock Synchronization for
            Measurement, Control and Communication (ISPCS), Austin, Texas
            USA, 2014.

[S14-2]   Schriegel, Sebastian; Jasperneite, Jürgen; Niggemann, Oliver:
            Plug-and-Work für verteilte Echtzeitsysteme mit Zeitsynchronisa-
            tion. In: Echtzeit 2014 - Industrie 4.0 und Echtzeit, GI/GMA/ITG-
            Fachausschuss Echtzeitsysteme, Boppard, November 2014.

[S15]   Schriegel, Sebastian; Biendarra, Alexander; Ronen, Opher; Flatt,
            Holger; Leßmann, Gunnar; Jasperneite, Jürgen: Automatic Deter-
            mination of Synchronization Path Quality using PTP Bridges with
            Integrated Inaccuracy Estimation for System Configuration and
            Monitoring. In: 2015 International IEEE Symposium on Precision
            Clock Synchronization for Measurement, Control and Communi-
            cation (ISPCS), Beijing, China, 2015.

[S16]   Sercos in Verbindung mit TSN. Online: https://www.ser-
            cos.de/technologie/sercos-in-verbindung-mit-tsn-opc-ua/sercos-
            in-verbindung-mit-tsn/, 2016.

[S17-1]   Schriegel, Sebastian; Pethig, Florian; Windmann, Stefan; Jaspern-
            eite, Jürgen: PROFIanalytics – die Brücke zwischen PROFINET und
            Cloud-basierter Prozessdatenanalyse. In: Automation 2017- VDI-
            Kongress, Baden Baden, Juni 2017.

[S17-2]   Schriegel, Sebastian; Pieper, Carsten, Biendarra, Alexander; Jas-
            perneite, Jürgen: Vereinfachtes Ethernet TSN-Implementierungs-
            modell für Feldgeräte mit zwei Ports. In: Kommunikation in der
            Automation (KommA 2017), Magdeburg, November 2017.

[S18-1]   Schriegel, Sebastian; Biendarra, Alexander; Kobzan, Thomas;
            Leurs, Ludwig; Jasperneite, Jürgen: Ethernet TSN Nano Profil –
            Migrationshelfer vom industriellen Brownfield zum Ethernet TSN-
            basierten IIoT. In: KommA 2018 – Jahreskolloquium Kommunika-
            tion in der Automation, Lemgo, November 2018.

[S18-2]   Schriegel, Sebastian; Kobzan, Thomas; Jasperneite, Jürgen: Inves-
            tigation on a Distributed SDN Control Plane Architecture for He-
            terogeneous Time Sensitive Networks. In: 14th IEEE International
            Workshop on Factory Communication Systems (WFCS), Imperia,
            Italy, Juni 2018

[S18-3]   Steiner, Winfried: IEEE 802.1 TSN als Basis für die Industrie 4.0.
            In Keynote KommA – Tagung Kommunikation in der Automation
            2018, Lemgo, 2018.

[S21]   Schriegel, Sebastian; Jasperneite, Juergen: A Migration Strategy
            for Profinet Toward Ethernet TSN-Based Field-Level Communica-
            tion: An Approach to Accelerate the Adoption of Converged
            IT/OT Communication. In: IEEE Industrial Electronics Magazine,
            DOI: 10.1109/MIE.2020.3048925, 2021.

[SA21]   Schriegel, Sebastian; Jasperneite, Jürgen: Migrationskonzept zur
            Einführung von Ethernet TSN in die Feldebene. In: Ulrich Jumar,
            at - Automatisierungstechnik, Band 69, Heft 11, 9. November
            2021, Oldenbourg Wissenschaftsverlag, De Gruyter, 2021, S. 952-
            961, Abb. 1 - 6/ Tab. 1.

[S90]   D. B. Sullivan, D.W. Allan, D.A. Howe, F.L. Walls, Characterization
            of Clocks and Oscillators. http://tf.nist.gov/general/pdf/868.pdf,
            NIST Technical Note, 1990.

[TPS-1]   Renesas Datasheet TPS-1 Single Chip Interface Solution for
            PROFINET IO Devices, Juli 2018.

[TSNZ19]   Schriegel, Sebastian; Jasperneite, Jürgen: TSN - Der Digitale Zwil-
            ling. In: Computer & Automation, Online: www.computer-automa-
            tion.de, 2019.

[ULL18]   Ahmed Nasrallah, Akhilesh Thyagaturu, Ziyad Alharbi, Cuixiang
            Wang, Xing Shao, Martin Reisslein, and Hesham ElBakoury: Ultra-
            Low Latency (ULL) Networks: The IEEE TSN and IETF DetNet
            Standards and Related 5G ULL Research. In:
            https://arxiv.org/pdf/1803.07673.pdf.

[V00]   Vonnahme, Eric, Rüping, S., Rückert, Ulrich: Measurements in
             switched Ethernet networks used for automation systems. In IEEE
             International Workshop on Factory Communication Systems,
             2000.

[V17]   Christian Mosch, Florian Pethig, Sebastian Schriegel, Alexander
             Maier, Jens Otto, Stefan Windmann, Björn Böttcher, Oliver Nigge-
             mann, Jürgen Jasperneite: Industrie 4.0 Kommunikation mit OPC
             UA Leitfaden zur Einführung in den Mittelstand. In: VDMA Verlag
             ISBN 978-3-8163-0709-9, Frankfurt, 2017.

[VI19]   Vitturi, S.; Zunino, C.; Sauter, T.: Industrial Communication Sys-
             tems and their Future Challenges: Next-generation Ethernet, IIoT,
             and 5G. In: Proceedings of the IEEE, 2019.

[W12]   Wisniewski, Lukasz; Schumacher, Markus; Schriegel, Sebastian;
             Jasperneite, Jürgen: Fast and simple scheduling algorithm for
             PROFINET IRT networks. In: 9th IEEE International Workshop on
             Factory Communication Systems (WFCS 2012), Lemgo, Germany,
             Mai 2012.

[W14]   Witte, Stefan; Pieper, Carsten, Schriegel, Sebastian, Dünnermann,
             Jens, Banick, Norman: Untersuchung der Eigenschaften einer
             Ethernet-Zweidraht-Übertragungstechnologie bezüglich spezifi-
             scher Anforderungen industrieller Echtzeitkommunikation am
             Beispiel von PROFINET IRT. In: Kommunikation in der Automa-
             tion (KommA 2014), Lemgo, Nov 2014.

[W17]   Wollschläger, Martin; Sauter, Thilo; Jasperneite, Jürgen: The Fu-
             ture of Industrial Communication. In: IEEE Industrial Electronics
             Magazine IEEE, März 2017.

[ZH19]   Zhang, P.; Liu, Y.; Shi, J.; Huang, Y.; Zhao, Y.: A Feasibility Analy-
             sis Framework of Time-Sensitive Networking Using Real-Time
             Calculus. In: IEEE Access, 2019.

[ZVEI15]   M. Hankel: Das Referenzarchitekturmodell Industrie 4.0. In: Zent-
             ralverband Elektrotechnik- und Elektronikindustrie e.V., 2015.

[60802R18]   IEC/IEEE 60802 Project Group: Industrial Requirements v12,
             Online: http://www.ieee802.org/1/files/public/docs2018/60802-
             industrial-requirements-1218-v12.pdf, 2018.

[60802U18]   IEC/IEEE 60802 Project Group: Industrial Use Cases v13, Online:
             http://www.ieee802.org/1/files/public/docs2018/60802-indus-
             trial-use-cases-0918-v13.pdf, 2018.

[60802ES20] IEC/IEEE 60802 Project Group: IEC/IEEE 60802 Example Selection.
             Online: http://www.ieee802.org/1/files/public/docs2020/60802-
             Steindl-et-al-ExampleSelection-0520-v24.pdf, 2020.

[60802ST]   IEC/IEEE 60802 Draft 1.2: Online:
            http://www.ieee802.org/1/files/private/60802-drafts/d1/60802-
            d1.pdf, 2020.

[802.1AS]   IEEE Std. 802.1AS-2019, Timing and Synchronization for Time-
            Sensitive Applications in Bridged Local Area Networks. 2019.

[802.1AB]   IEEE Std. IEEE 802.1AB-2016, Station and Media Access Control
            Connectivity Discovery, 2016.

[802.1CB]   IEEE Std. 802.1Q-2017, Frame Replication and Elimination for Re-
            liability (Seamless Redundancy), 2017.

[802.1CM]   IEEE Std. 802.1CM-2018, Time-Sensitive Networking for Fron-
            thaul, 2018.

[802.1CS]   IEEE 802.1CS, Link-local Registration Protocol, Draft 2.1, 2019.

[802.1DC]   IEEE 802.1DC, Quality of Service Provision by Network Systems,
            Draft 0.1, 2019.

[802.1DF]   IEEE 802.1DF, TSN Profile for Service Provider Networks, Draft
            0.0, 2019.

[802.1DG]   IEEE 802.1DG, TSN Profile for Automotive In-Vehicle Ethernet
            Communications, Draft 0.1, 2019.

[802.1Q]   IEEE Std. 802.1D-2019, Virtual Bridged Local Area Networks,
            2019.

Printed in the United States
by Baker & Taylor Publisher Services